U0341261

天津市哲学社会科学规划研究项目成果

公共设施设计研究：

以儿童友好型为视角

徐守超　刘琳琳　著

中国商务出版社

·北京·

图书在版编目（CIP）数据

公共设施设计研究：以儿童友好型为视角 / 徐守超，
刘琳琳著 . -- 北京：中国商务出版社，2024. 8.
ISBN 978-7-5103-5295-9

Ⅰ . TU984；TB472

中国国家版本馆 CIP 数据核字第 2024LN3335 号

公共设施设计研究：以儿童友好型为视角

徐守超　刘琳琳　著

出版发行：中国商务出版社有限公司

地　　址：北京市东城区安定门外大街东后巷 28 号　邮编：100710

网　　址：http://www.cctpress.com

联系电话：010-64515150（发行部）　　　010-64212247（总编室）
　　　　　010-64269744（商务事业部）　010-64248236（印制部）

责任编辑：李　阳

排　　版：廊坊市展博印刷设计有限公司

印　　刷：廊坊市蓝海德彩印有限公司

开　　本：710 毫米 ×1000 毫米　1/16

印　　张：10.5　　　　　　　　　　字　数：152 千字

版　　次：2024 年 8 月第 1 版　　　　印　次：2024 年 8 月第 1 次印刷

书　　号：ISBN 978-7-5103-5295-9

定　　价：78.00 元

在人类社会的漫长发展进程中，儿童始终被视为未来的希望与基石。他们的成长环境、生活质量以及所接受的教育，都直接关系到社会的未来走向与文明程度。公共设施作为城市与社区的重要组成部分，不仅服务于成年人，更应兼顾儿童的需求与特点，为他们创造一个安全、便捷、有趣且富有教育意义的生活环境。在过去的很多年里，儿童在公共设施设计中的参与度并不高，他们的声音往往被忽视，他们的需求也常常被成年人所设定的标准所掩盖。《公共设施设计研究：以儿童友好型为视角》一书旨在深入探讨如何设计与构建更加符合儿童身心发展的公共设施，让儿童的声音在城市规划中得以体现。

本书从儿童的行为习惯、心理特征、认知发展等多个维度出发，对儿童对于公共设施的特殊需求进行了全面而深入的分析。儿童与成年人有着不同的世界观与感知方式，他们对于色彩、形状、空间、声音等都有着独特的喜好与反应。因此，不能简单地将成年人的设计标准应用于儿童设施，而必须从儿童的角度出发，设计出真正符合他们需求的公共设施。

在编写过程中，笔者特别注重理论与实践的结合。一方面，笔者通过国内外成功案例的剖析，展示了儿童友好型公共设施设计的先进理念与实现路径。通过这些案例，笔者可以清晰地看到，当设计师真正站在儿童的角度去思考问题时，所创造出的设施往往能够超出我们的预期，给儿童带来极大的快乐。

另一方面，本书也提供了具体的设计原则、方法与技术指导。理论只有与实践相结合，才能发挥出其真正的价值。因此，本书详细阐述了如何在进行公共设施设计时，充分考虑儿童的身体尺寸、行为特点、心理需求等因素，以确保所设计出的设施既安全又实用。同时，本书也探讨了如何利用色彩、形状、材质等设计元素，来激发儿童的好奇心与探索欲，使公共设施成为他们成长道路上的良师益友。

儿童友好型公共设施的设计不仅是一项技术挑战，更是一场关于爱与责任的深刻实践。它要求我们在每一个细节上都体现出对儿童的尊重与关怀，让城市的每一个角落都能成为滋养儿童健康成长的沃土。

在当今社会，随着人们对儿童权益的日益重视，儿童友好型公共设施的设计已经成为一个不可回避的话题。我相信，本书的出版将为这一领域的研究与实践提供有力的支持与推动。希望通过本书的传播，能够激发更多社会成员对儿童友好型公共设施设计的关注与参与，共同为孩子们打造一个更加美好和友好的生活环境。

作者

2024 年 7 月

目 录
Contents

第一章

引　言

第一节　儿童友好型城市及其公共设施建设

一、儿童友好型城市的发展

"儿童友好城市"概念正式提出于 1996 年联合国第二届人居环境会议，其广义定义是：一个可以听到儿童心声，实现儿童需求、优先权和权利的城市治理体系。儿童友好型城市为儿童提供良好生长环境和便利服务设施的城市形态，旨在满足儿童生活、学习和娱乐的需要，保障儿童的权益和利益。在儿童友好型城市中，儿童可以在安全、健康、舒适和有趣的环境中成长发展，并得到充分关注和支持。

2021 年 10 月，国家发展改革委联合 22 部门印发《关于推进儿童友好城市建设的指导意见》。该意见指出，"到 2025 年，在全国范围内开展 100 个儿童友好城市建设试点，让儿童友好要求在公共服务、权利保障、成长空间、发展环境、社会政策等方面充分体现；到 2035 年，预计全国百万以上人口城市开展儿童友好城市建设的超过 50%，100 个左右城市被命名为国家儿童友好城市，推动儿童友好成为城市高质量发展的标识"。

城市儿童的发展状况受到了诸多因素的影响，包括家庭因素、学校教育、社会环境等。总体来说，城市儿童的生活水平和教育水平都在不断提高。

政府和社会各界已经采取了许多措施，努力提高城市环境对儿童的友好程度，比如建设儿童公园。各大城市都建设了儿童公园，为儿童提供了广阔的活动空间和丰富的娱乐设施（见图 1-1）。加强儿童安全教育。学校开展了广泛的儿童安全教育，帮助儿童提高安全意识和自我保护能力。注重儿童权益保护，政府出台了一系列法律和政策，保护儿童的合法权益。还有一些企业也积极参与儿童友好相关的活动，比如推出儿童安全座椅、儿童乘车优先等。

图 1-1　北京市顺义区户外娱乐公共设施

城市儿童的发展现状虽然有所提高，但仍然存在许多问题需要解决。政府、学校、家长和社会各界需要共同努力，为儿童创造更加友好和安全的发展环境。儿童友好型城市的发展建设状况是一个多方面的话题，涉及城市规划、儿童教育、交通安全、环境保护等众多领域。

从城市规划的角度，儿童友好型城市的建设已经开始将儿童需求考虑在内。城市规划和建设已经开始将儿童需求考虑在内，一些儿童友好型设施也已经建立。许多公园和广场都有专门为儿童设计的活动场所、娱乐设施和教育资源，为儿童提供了更多的户外活动机会。此外，一些城市开始将儿童需求考虑进入住宅小区的规划设计中，打造适合儿童成长的环境，比如增设公共活动区、设置儿童娱乐设施等。这些都是建设儿童友好型城市的重要举措（见图1-2、图1-3）。

从儿童教育的角度，儿童友好型城市的建设也在逐步提升。一些城市已经开始在学校、幼儿园等教育机构推出一系列儿童友好型政策和措施，以确保儿童在教育中得到充分关注和保障。一些幼儿园和小学开始开设户外教学课程，让孩子们更多地接触自然环境，增强他们的环保意识。同时，一些城市还在学校建设多功能活动室、音乐室、艺术教室等，为儿童提供更多的文化和艺术体验。

从交通安全的角度，儿童友好型城市的建设还有许多挑战。一些城市的交通安全问题也需要得到更好的解决。一些城市的交通问题可能会对儿童的身体健康产生不良影响。因此，城市交通管理部门需要加强对儿童交通安全的管理，加强学校周边交通的管控，确保儿童在上下学途中的安全。

二、儿童友好型公共设施建设

城市应该为儿童和社区提供健康、教育和社会服务基础设施，使他们能够在此成长、锻炼生活技能和相互接触。同时所有的城市都应为儿童和社区提供安全、包容性的公共和绿地空间，在那里他们可以聚会和参与户外活动。儿童友好型公共服务设施是指专门为儿童提供的公共服务设施，这些设施的设计、功能、管理和服务都要以儿童的

图 1-2 社区儿童娱乐设施

图 1-3　社区儿童娱乐设施

需求和权益为中心。其目的是为儿童提供安全、健康、富有创意和多样化的环境，满足他们的身体、心理、社交和认知需求，促进他们的全面发展和健康成长（见图1-4）。在建设和发展儿童友好型公共服务设施时，需要充分考虑儿童的特点和需求，以及社会和文化背景，建立起健康、安全、有趣、多元的儿童友好型环境，为儿童的成长和未来奠定坚实的基础。

图1-4　人性化的社区儿童公共设施

目前一些小型儿童娱乐设施建设滞后，设施和安全管理不完善，容易引发安全事故。另外，一些大型儿童娱乐设施虽然规模较大，但娱乐设施的设计和建设质量较差，安全管理不到位，存在安全隐患（见图1-5）。为了促进儿童娱乐设施的发展，政府应该加大对儿童娱

图 1-5 公共设施质量问题疏于维护

乐设施的投入，提高儿童娱乐设施的建设质量和安全水平，加强安全监管和管理。同时，应该鼓励、支持社会组织和企业积极参与儿童娱乐设施的建设和管理，推动儿童娱乐设施的发展和创新。儿童公共设施的发展状况在不断提高，政府的投入和社会的参与对于儿童公共设施的建设和管理起到了重要作用。

儿童公共设施建设和管理中仍存在一些问题，需要进一步加强和改善。儿童公共设施的供需矛盾依然突出。虽然近年来政府投入不断增加，但在一些人口密度低的地区，儿童公共设施建设依然不足，难以满足儿童的需求。另外，一些重要场所的儿童公共设施建设也存在不足，比如医院、商场等公共场所。这些场所作为儿童日常活动的重要场所，需要加强儿童公共设施的建设，提高服务质量。

社会的参与和创新也需要得到充分发挥。政府应该积极鼓励和支持社会组织和企业参与儿童公共设施的建设和管理，创新管理模式和服务方式，充分发挥社会力量的积极性和创造性，为儿童公共设施的建设和发展注入新的活力。

儿童公共设施的发展状况呈现出一定的积极态势，但仍存在一些问题和挑战。政府应该加大对儿童公共设施的投入和管理力度，加强规划和标准制定，提高管理水平和服务质量，促进儿童公共设施建设的全面发展。同时，社会也应该积极参与儿童公共设施的建设和管理，发挥自身优势，为儿童提供更好的服务和保障。

第二节　研究目的及意义

一、研究目的

儿童友好型公共设施的设计研究旨在创建一个适合儿童使用的公共环境，以满足他们在游戏、学习和探索过程中的需求，提高他们的身体和心理健康。这种设计方法将儿童置于设计过程的核心位置，将其需求和特点作为主要考虑因素，从而为儿童创造出一个安全、健康、舒适和有趣的公共空间。

（一）提高公共设施的儿童友好性

通过将儿童的需求作为主要考虑因素，公共设施的设计可以更好地适应儿童的身心特点，创造一个更加适宜儿童使用的公共空间，为儿童提供更好的游戏、学习和探索环境。在公园、社区等公共空间中，建设游乐场、图书馆、儿童艺术活动中心等设施，可以为儿童提供更加丰富的活动内容，满足他们的兴趣爱好和学习需求。

（二）促进儿童身心健康发展

适合儿童使用的公共设施可以激发儿童的探索和创造能力，增强其自信心和独立性，同时也能够促进他们的运动和社交能力的发展。在公园中，建设攀岩、滑梯等娱乐设施，可以锻炼儿童的体能和协调能力，同时也可以促进他们的社交能力和团队合作精神。

（三）促进社会和谐发展

公共空间不仅是供儿童玩耍的场所，也是各种社交活动的场所。一个友好、安全、舒适的公共空间可以促进社会交流和沟通，增强社会凝聚力和归属感，促进社会和谐发展。在社区中，建设儿童活动室、阅览室等设施，可以为儿童提供安全、有趣、有益的空间，同时也可以为家长和邻居提供交流和社交的机会，增强社区凝聚力和归属感。

（四）推动城市规划和建设的可持续发展

随着城市化进程的加速和人口的不断增长，城市公共空间的使用和管理变得越来越复杂。儿童友好型公共设施的设计不仅可以为儿童提供更好的成长环境，同时也可以促进城市公共空间的多元化发展，提高城市的生态、社会和经济效益。在实践中，儿童友好型公共设施设计需要考虑城市的绿化、交通、文化、教育等因素，综合考虑公共空间的多功能性和可持续性，为城市可持续发展做出贡献。

二、研究意义

（一）提高儿童健康与安全

深入探讨公共设施设计对儿童健康和安全的影响。本书通过案例分析和方法探讨，可以识别出哪些设计元素对儿童有益，如何减少意外伤害的发生，以及如何创建更有利于儿童发展的环境。这对于减少事故发生率、提高儿童健康水平具有重要意义。

（二）促进社会包容与平等机会

研究儿童友好型公共设施的设计不仅关乎儿童个体，也涉及社会的整体包容性。本书通过深入了解设计对不同群体儿童的影响，能够推动设计的多样性与包容性，确保各类儿童，无论是残障儿童、来自不同社会背景的儿童，还是少数民族儿童，都能享有平等的体验和利用机会。

（三）提升城市规划与发展

研究儿童友好型公共设施的设计案例以及利用方法，对于城市规划和发展具有直接影响。它为城市规划者提供了宝贵的参考，指导他们如何在城市设计中更好地考虑儿童需求，从而打造更安全、更适宜的儿童成长的城市环境。

（四）教育与社会责任

研究意义重大的方面之一在于它强调了教育和社会责任。本书通过创新的设计方案和方法，可以提升公共设施对儿童教育的支持作用。这项研究有助于引导教育机构和社会团体更好地履行社会责任，为儿童提供更具启发性和教育意义的环境。

第三节　国内外研究现状

一、国内研究现状

近年来，各个城市在儿童友好型公共服务设施建设方面纷纷推出了一系列举措。目前，已有多个城市在推进儿童友好城市试点建设，如深圳、杭州等，这些城市在儿童参与、自然环境、公共设施等方面进行了探索和创新。杭州的桥西儿童友好街区通过包容性设计、商户服务、适儿化设施等多纬度提升了街区功能性和全龄化程度。

部分专家学者讨论了在城市公共空间为儿童活动创造适龄、安全、有趣和充满活力的空间的重要性，强调了优先考虑儿童活动空间的必要性，并讨论了当前户外儿童活动空间设计中存在的缺陷，探讨了设计户外儿童公共活动空间的创新思路，并为改进这些空间的设计提供了建议。他们认为设计对儿童友好型城市公共空间对于促进儿童的整体健康发展和实现真正的可持续发展至关重要。

城市公共场所的儿童活动空间被忽视，没有得到足够的重视，导致缺乏适合儿童成长的环境。儿童接触大自然和进入精心设计的户外空间会对他们的成长和福祉产生有益影响。部分学者提出了一些设计儿童友好型城市公共空间的创新想法（见图1-6）。

图 1-6　杭州桥西儿童友好街区

首先，创建适合年龄的空间，对儿童需求和偏好的空间的重要性。这包括考虑游乐设备、感官体验以及探索和发现机会等因素。

其次，融入自然，强调了将自然元素融入城市公共空间对儿童的重要性。从小就接触大自然可以帮助儿童预防生物恐惧症，绿地、树木、植物和天然材料的融合可以为孩子们提供与大自然联系并体验其益处的机会（见图1-7）。

最后，促进体育活动，强调需要鼓励儿童进行体育锻炼的城市公共空间。提供积极的游戏空间，例如游乐场和体育设施，可以促进儿童的身体健康和整体发展（见图1-8）。作者为儿童友好型城市公共空间的设计提供了宝贵的见解，并强调了在城市规划和设计中优先考虑儿童需求和福祉的重要性。

图1-7　融入自然的公共设施

图 1-8　社区儿童体育活动设施

二、国外研究现状

国外对于儿童友好型城市公共设施设计的研究涵盖了多个方面，包括安全街区与出行路径、开放空间规划与设计、户外公共活动空间需求以及儿童参与城市规划的过程。这些研究不仅提供了具体的设计原则和实践案例，而且强调了跨部门合作和儿童参与的重要性，为我国城市建设提供了宝贵的参考和启示。

荷兰的生活庭院概念和儿童出行路径是提升街区或城市儿童友好度的典型案例，它们通过规划与管理措施，为儿童提供安全的社会环境和完善步行及骑行道路系统（见图1-9）。这些实践表明，以儿童的需求为衡量指标的城市设计可以有效促进儿童的独立出行和游戏，从而对其身心发展产生积极影响。

国外的儿童友好型城市规划实践经验还强调了立法保障与制度建设、政策引导与支持、资金保障与多方协作以及鼓励与认同公众积极参与的重要性。这些共性特征表明，建设儿童友好型城市是一个系统工程，需要政府、社会组织、家庭和儿童本身的共同努力。

此外，国外的研究还探讨了如何通过开放空间规划与设计来满足儿童的需求。城市开放空间被视为儿童户外游憩、生活和学习的主要场所，其规划设计应充分考虑儿童的视角和需求。这包括创建具有吸引力的环境，促进儿童游戏，并确保他们的安全。

在户外公共活动空间方面，研究表明，城市儿童对户外公共活动空间有特定的需求偏好，包括空间需求、影响因素和规划策略等方面。因此，城市设计师需要从儿童的角度出发，考虑他们在户外活动中的安全性、独立性和参与性（见图1-10）。

国外的研究还强调了儿童参与城市规划过程的重要性。让儿童参与到城市规划和设计中，可以更好地理解和满足他们的需求。荷兰埃因霍温市通过与儿童和家长共同创造公共空间的设计，展示了如何将儿童的需求融入城市规划中。

国外部分学者讨论了目前户外儿童活动空间设计中存在的缺点，并探讨了改进这些空间设计的创新思路。它强调了在城市规划和设计

图 1-9　福德斯伦儿童出行路径设计

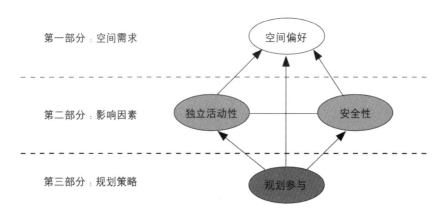

第一部分：空间需求

第二部分：影响因素

第三部分：规划策略

图 1-10　儿童活动影响因素分类图

中优先考虑儿童需求和福祉的必要性，并强调了儿童接触大自然和进入精心设计的户外空间的好处。同时还建议让儿童参与设计过程，并在创建儿童友好型城市公共空间时考虑文化和社会因素。他们为城市环境中的儿童设计可持续和包容性的空间提供了宝贵的见解和建议。

第四节　研究范围与方法

一、研究范围

（1）儿童友好型公共设施的概念和定义，探讨儿童友好型公共设施的概念和定义，明确研究的范围和对象。

（2）国内外儿童友好型公共设施的案例研究，选择一些具有代表性的儿童友好型公共设施案例，涵盖不同类型的设施，如学校、图书馆、公园、游乐场等，分析这些案例在设计、功能、环境等方面的特点和优势。

（3）儿童需求与参与，研究儿童在公共设施使用过程中的需求和参与情况，了解他们的意见、喜好、行为和互动方式。

（4）家长和监护人的角色与期望，调查家长和监护人对儿童友好型公共设施的期望和关注点，了解他们对于设施的评价、需求和满意度。

（5）设施设计与规划，分析儿童友好型公共设施的设计原则和规划方法，探讨如何在空间布局、设备选择、安全性、可达性等方面满足儿童的需求。

（6）社会参与和合作，探讨公共机构、社区组织和非营利组织等在儿童友好型公共设施规划、建设和管理中的参与和合作模式。

（7）评估与改进，通过评估儿童友好型公共设施的效果和影响，提出改进建议和策略，以提高设施的质量和可持续性。

（8）理论方面以儿童认知心理学作为基础，重点分析皮亚杰的认知发展理论和维果茨基文化发展理论对儿童公共设施设计的影响。结合服务设计的相关理论来完善设计方法。

二、研究方法

（一）定性研究方法

定性研究方法是社会科学领域中一种重要的研究方式，它与定量研究方法相对立，但又相互补充。定性研究的主要目的在于探讨作为社会角色人的观点、态度、行为、经验等。它的基本特征包括"到实地、到现场，重情景、重关联，重意义、重主观"，这些特征使得定性研究能够提供对特定社会现象的深入理解和解释。在儿童友好型公共设施的研究中，定性研究方法可以帮助研究者更好地理解儿童的需求和期望，以及家长和社区对儿童友好型公共设施的态度和看法。具体而言，研究者可以通过以下几种方式进行定性研究。

（1）访谈和观察是定性研究中常用的数据收集方法，可以深入了解儿童友好型公共设施的使用情况和需求。访谈在定性研究中是一种通过口头交流来探索和理解人们的经验、态度、行为和社会现象的方法。它可以通过不同的形式进行，包括深度访谈、焦点小组讨论等。在儿童友好型公共设施的研究中，访谈对象可以包括儿童、家长、社区成员和公共设施管理者等。访谈的主要目的是了解他们对公共设施的看法、需求和期望，以及对现有设施的评价和反馈。

通过访谈和观察相结合的方式，研究者可以更全面、深入地了解儿童友好型公共设施的使用情况和需求，为优化公共设施的设计和配置提供有力支持。

（2）案例研究的内在机制和社会行为的深层原因。在选择案例时，需要精心挑选不同城市、社区和类型的儿童友好型公共设施，确保案例具有代表性。这意味着案例既应该包括在设计和运营方面取得成功的例子，也应该包括存在问题和挑战的案例，以便能够深入剖析其背后的原因和教训。在进行案例研究时，需要采取多种数据收集方法，包括收集设施的设计图纸、使用手册、管理规定等相关资料，以及实地考察这些设施。通过深入剖析这些案例，研究者可以获得关于儿童友好型公共设施的深刻洞见，为提供更好的公共设施服务提供有力的建议和指导（见图1-11）。这种方法不仅帮助发现问题，也为其他地区或机构提供了可借鉴的经验，推动儿童友好型公共设施的改进和发展。

案例分析一 儿童友好社区示范点——上海市浦东新区花木街道

东城二居委辖区内的锦绣苑小区，响应"儿童友好型城市建设"，创建"阳光微家"儿童公共活动空间，室内外总面积达100平方米，包含儿童游乐设施、植物方面的科普教育。

居委会召集居民举行听证会

	室内	亲子游戏区
"3+3"功能规划		学习互动区
		作品展示区
	室外	种子博物馆
		缤纷七彩花卉区
		绿植认养种植区

主题日活动
安全教育
爱的教育

主题课题
魔方课堂
趣味跳绳
故事妈妈

其他特色：·主题化 学期化 常态化　　　·社区小用户亲自参与评价（参与权）
　　　　　·不同年龄段孩子的活动时间划分　·社区小用户可成为未来的小志愿者

图1-11　上海市浦东新区花木街道案例研究

（3）参与式设计是一种以用户为中心的设计方法，旨在通过儿童和家长的参与，使公共设施的设计更加符合使用者的需求和期望。参与式设计不仅是一个设计活动的过程，它还涉及一种社会创新的过程，旨在通过集体智慧和共同寻找解决方案来应对复杂的社会问题。这一方法的实施通常包括四个关键阶段：一是需求分析阶段，在这个阶段，通过访谈和观察的方式，深入了解儿童和家长对公共设施的需求和期望。这可能涉及他们的活动偏好、安全需求、学习需求等方面的信息。通过与使用者直接沟通，可以获取实际问题和需求，为设计提供明确的依据。二是概念设计阶段，基于需求分析的结果，开始制定初步的概念方案。这些方案通常包括对公共设施的布局、功能、材料选择等方面的初步设想。然后将这些设计方案呈现给儿童和家长，以获取他们的意见和建议。这种反馈有助于更好地理解使用者的期望，并在后续的设计中予以考虑。三是方案优化阶段，在收集到儿童和家长的意见和建议后，将这些反馈意见整合到设计方案中。可能需要进行一些修改和调整，以满足使用者的期望。这个阶段是一个反复迭代的过程，直到得到一个大多数使用者都满意的设计方案为止。四是设计实施阶段，一旦设计方案最终确定，就可以将其付诸实践。在设计实施的过程中，收集使用者的反馈意见非常关键。这可以通过观察使用者的行为、收集使用者的意见建议，甚至安排反馈会议等方式来实现。这些反馈将为公共设施的未来设计提供宝贵的参考，帮助了解实际使用中的问题和挑战，从而进一步优化设计。

参与式设计，不仅能够满足使用者的需求，还能够增加使用者的满意度和参与感。此外，由于儿童和家长参与了设计的过程，他们更有可能在使用过程中更好地理解和尊重公共设施，这对于设施的可持续使用和维护也具有积极的影响。通过这种方法，研究者可以更全面、深入地了解儿童友好型公共设施的实际需求，为公共设施的优化提供科学依据。

（二）定量研究方法

定量研究方法是一种关注于量化数据、进行统计分析的研究方法，它可以帮助量化研究现象，验证假设，以及得出普遍性的结论。这种研究方法强调在事件中通过操纵变量而发现变量之间的关系，并通过将资料量化分析，以数字来描述、阐述以及揭示事件、现象和问题。关于定量研究方法，如表1-1所示。

表1-1　定量研究方法

定量研究方法	研究内容	优势	注意事项
问卷调查	通过设计一系列针对性问题，以书面形式向被调查者提问，以收集、分析和解释有关特定主题的信息	操作简便、成本较低、调查范围广泛	1. 明确调查目的。 2. 设计合适问题。 3. 选择适当的调查对象。 4. 进行数据分析（见图1-12）和报告撰写
实地观察	在现场对特定对象进行观察和记录，以收集、分析和解释有关特定主题的信息	直接、具体、真实	1. 明确观察目的。 2. 制订观察计划，确定观察范围、观察时间、观察方法、观察工具。 3. 实施观察时要严格按照观察计划进行，记录观察过程中的关键信息和数据。 4. 进行观察数据整理和分析
数据收集与测量	通过明确研究目的、选择合适的数据收集和测量工具、制定实施方案、进行数据收集和测量、对数据进行整理和分析	全面、客观、准确	1. 明确研究目的和研究问题。 2. 选择合适的数据收集和测量工具。 3. 确保数据收集和测量的合法性和合规性。 4. 数据整理和分析
结果评估与解释	运用整合数据、因果分析、效果分析、可行性分析、实际案例和经验、政策建议和改进措施等方法，对研究结果进行全面、客观、准确的评估与解释，可以提供丰富、有价值的信息和洞察	全面、系统	1. 将各种数据来源进行融合。 2. 运用因果分析、效果分析、可行性分析等方法对研究结果进行评估与解释。 3. 结合实际案例和经验进行结果评估与解释。 4. 提出针对性的政策建议和改进措施

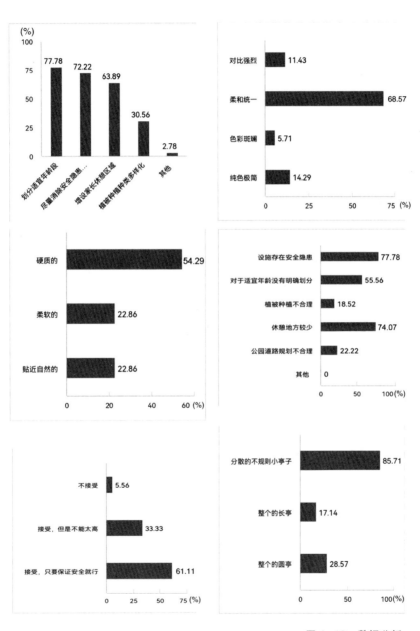

图 1-12 数据分析

第二章

儿童认知心理与公共设施设计

第一节　儿童认知心理学

一、儿童认知心理学的定义

　　儿童认知心理学是研究儿童在认知方面的发展和心理过程的学科领域。它关注儿童在认知能力、思维方式、问题解决、语言发展、记忆和学习等方面的发展过程和机制。儿童认知心理学主要探究儿童的知觉、注意、记忆、思维、语言和解决问题的能力，以及这些能力在儿童成长和学习中的变化和发展规律。

　　研究儿童在不同年龄阶段的认知发展特征，如婴儿期、幼儿期、学龄前期和学龄期的认知能力差异和变化。儿童认知心理学中的认知发展阶段探究了儿童从出生到成年期间智力、思维和语言等认知能力的演变过程。这一领域的研究为设计儿童友好型公共设施提供了重要的理论依据。在儿童认知心理学的研究中，关注的不仅是儿童个体在认知上的特质，还包括他们在社会环境中的互动与学习，认知发展的各个阶段和设计的关系，如表2-1所示。

　　除了年龄因素，性别、文化背景、个体差异等因素也会影响儿童的认知发展。在儿童友好型公共设施的设计中，应该考虑到多样性和包容性。在图书馆中设置多语种的书籍，或者在游乐场中融入各种文化元素的设计，使得不同背景和拥有不同兴趣的儿童都能够找到适合自己认知水平和兴趣的活动。儿童认知心理学的认知发展阶段理论为儿童友好型公共设施的设计提供了重要参考。深入理解儿童的认知特点和需求，可以创造出既符合儿童认知发展规律，又充满启发性和趣味性的公共设施，为儿童提供一个促进他们全面发展的空间。这种设计不仅能够满足儿童的需求，也有助于培养他们的创造力、社交能力和问题解决能力，为他们的未来发展奠定坚实的基础。

表 2-1　认知发展阶段与设计关联

阶段	特点	与设计的关联
早期阶段（0~2 岁）	儿童主要通过感觉和运动经验来认识世界	需要提供足够的触觉和视觉刺激，同时确保环境的安全性
运算思维阶段（2~6 岁）	开始发展逻辑思维，能够理解空间、数量和时间等概念	设置带有形状、颜色、数字元素的游戏区域，引导儿童进行分类、计数等活动，培养他们的逻辑思维
学龄阶段（7~12 岁）	能够理解更为抽象的概念，开始培养问题解决能力	可以设置交互式的学习区域，提供各种教育游戏和探索活动
青少年期（12~18 岁）	开始具备抽象思维和批判性思维	提供具有挑战性的学习和娱乐环境。鼓励他们进行团队合作和创新性思考

通过研究儿童的认知心理过程，儿童认知心理学可以为儿童教育、发展心理学和幼儿教育提供理论基础和实践指导。研究成果可以用于改进教育教学方法、设计适合儿童认知特点的教育资源和环境，促进儿童的全面发展。

二、儿童认知心理学的主要理论模型

（一）皮亚杰认知发展理论

皮亚杰的认知发展理论是儿童认知心理学中最为知名和影响力最大的理论之一。他的理论主要关注儿童在认知方面的发展和思维方式的演变。

皮亚杰提出了一种描述儿童认知发展的阶段理论，如表 2-2 所示。他认为儿童在认知能力方面经历了一系列的阶段，每个阶段都具有独有的特征和思维模式。

表 2-2　皮亚杰认知发展阶段

阶段	内容
感知运动阶段 （出生至约 2 岁）	婴儿通过感觉和运动探索世界。他们开始发展基本的感知和运动技能，并逐渐形成对象的永久性概念和自我的概念
前操作阶段 （2~7 岁）	儿童开始使用符号和象征性思维。他们能够使用语言和图像来表示对象和事件，并开始发展逻辑思维的初级形式。然而，他们仍然受限于具体的、非逻辑的思维方式
具体操作阶段 （7~11 岁）	儿童开始具备逻辑思维的能力，并能够进行具体的操作和推理。他们能够进行分类、序列化和空间转换等操作，但仍然受限于具体的情境
形式操作阶段 （11 岁至成年）	儿童进一步发展了抽象和逻辑思维的能力。他们能够进行假设、推理和抽象概念的操作，思维变得更加系统和抽象

皮亚杰强调儿童在认知发展中的主动作用，他认为儿童通过主动地与环境互动和探索，积极地构建自己的认知结构。这种建构主义的观点强调了儿童的自主性和个体差异，而不仅是被动地接受外界的影响。尽管他的理论也受到了一些批评和争议，但其对于理解儿童认知发展的贡献仍然被广泛认可。这一理论框架提供了一个重要的视角，帮助我们了解儿童认知发展的阶段、过程和特征，并为儿童教育和学习提供了指导和启示。

（二）维果茨基文化发展理论

维果茨基的社会文化理论是儿童认知心理学中一种重要的理论框架，强调了社会和文化环境对儿童认知发展的重要性。

维果茨基认为，社会互动和合作学习是儿童认知发展的关键。他强调儿童通过与他人的合作和交流来获取新的知识和技能。具体而言，他指出在社会互动中，成年人和同伴扮演着重要的角色，他们提供了指导、支持和挑战，促进了儿童的认知发展。这种社会互动和合作学习的过程被称为"近似发展区域"，即成年人或更有经验的同伴与儿童共同参与并提供恰当的支持，以促进儿童发展到更高的认知水平。

维果茨基的社会文化理论对儿童认知发展的研究产生了深远的影响。它突出了社会和文化环境在儿童认知发展中的重要作用，强调了儿童通过与他人的合作和社会互动来获得知识和技能。这一理论框架提供了一个有益的视角，帮助我们理解儿童认知发展的社会性和文化性，并为教育实践提供了指导。

三、儿童认知心理学在公共设施研究中的应用

（一）儿童对公共设施的认知

儿童对公共设施的认知是指他们对公共设施的理解、感知和使用能力。这种认知是通过儿童的感知、思维和行为表现来体现的。儿童对公共设施的认知的表现在多个方面。

第一，感知与感受。儿童对公共设施的认知始于感知，包括感知设施的形状、颜色、材质等感官信息。儿童更容易被鲜艳的颜色、有趣的形状和质地所吸引。他们对设施的感受也与安全、舒适和刺激性有关，柔软的座椅、平滑的表面和稳固的结构会给他们带来更好的感受（见图 2-1）。

第二，空间与导航。儿童对于公共设施的认知还涉及空间感知和导航能力。他们需要理解设施的布局和结构，能够判断各个部分之间的关系，并且能够在设施中自由移动（见图 2-2）。易于理解和导航的设施布局可以帮助儿童更好地利用设施并增强他们的自信心。

第三，功能与目标导向。儿童在使用公共设施时通常会追求特定的目标和体验。他们可能寻找能够提供身体活动、刺激和互动的设施。对于年龄较小的儿童，他们可能更喜欢具有简单功能和易于理解的设施；而年龄较大的儿童，他们可能更追求挑战和复杂性。

第四，想象力与创造力。儿童有着丰富的想象力和创造力，他们能够将公共设施视为游戏的场所，并根据自己的兴趣和需要进行自主的游戏和探索。因此，公共设施应该能够激发儿童的想象力，提供多样性的玩法和互动方式，以满足他们的自我表达和创造力的发展。

图 2-1　儿童座椅

图 2-2 儿童游乐空间设施

第五，社交互动与合作。公共设施对于儿童的认知还与社交互动与合作有关。儿童在公共设施中可以互相游戏，发展社交技能与合作能力（见图2-3）。因此，设施的设计应考虑到创造有利于儿童之间互动与合作的空间和环境。

第六，自主性与参与感。公共设施的设计应当允许儿童参与其中并发挥自主性。他们应该能够根据自己的意愿选择和探索不同的设施，参与到适合自己的活动中，并体验到对设施的积极参与和探索的乐趣。

（二）儿童对公共设施的使用行为

儿童需求主要体现在生活方式、技术革新、教育观念、生活环境等息息相关的各个方面。儿童需求的变化可以从多个方面来看待。随着城市化的快速发展，城市化率逐年提高，城市中的儿童数量增加，儿童所处的城市环境变得更加复杂。城市中的儿童在运动、游戏、学习、娱乐等方面需要更多的空间和场所，而城市中的公共服务设施则需要更加关注儿童的需求，提供更加丰富的功能和服务。

随着经济水平的提高，儿童的需求也逐渐发生了变化。在过去，儿童更多的需求是基本的生存和安全需求，如食物、住所、教育等，而现在的儿童更加关注他们的自我实现和发展需求，例如学习兴趣爱好、体育锻炼、社交活动等。因此，公共服务设施也需要更多地考虑儿童的兴趣和发展需求，提供更加多元化的服务。

随着科技的不断进步，儿童的需求也在不断变化。儿童更加熟练地使用各种数字技术，他们的学习方式、社交方式、娱乐方式都在发生变化。因此，公共服务设施需要更加注重数字技术的应用，提供更加智能化、便利的服务。

由于父母工作时间的延长和单亲家庭的增加，儿童对照顾和监督的需求也发生了变化。在过去，儿童可能更多地依赖父母和家庭成员来提供照顾和监督，但现在更多的儿童需要在学校和托儿所等公共服务设施中接受照顾和监督。因此，这些设施需要提供更多的照顾和监督服务，例如提供更长的开放时间、更多的课后活动和课外托管服务，以满足儿童和家庭的需求。

图 2-3　站立式跷跷板

第二节　儿童友好型公共设施的定义

儿童友好型公共设施是指专门为儿童设计和建造的公共场所或设施，旨在满足儿童的需求，提供安全、有趣、刺激和适宜的环境，促进儿童的身体、认知、社交和情感发展。这些设施考虑到儿童的特殊需求和能力，以提供适合他们年龄和发展阶段的活动和体验。儿童友好型公共设施注重儿童的参与和互动，鼓励他们发挥想象力、创造力和社交能力。儿童友好型公共设施的核心在于创造一个安全、公平的环境，其中包括易于访问和变化的绿色和开放空间。儿童友好型公共设施旨在为儿童提供一个有益、积极和有趣的场所，促进他们的全面发展和积极参与社会生活。

随着城市化的发展，城市儿童公共设施的建设日益受到重视。儿童公共设施包括儿童娱乐设施、教育设施、体育设施、健康设施、环境设施、安全设施、社会福利设施等，是城市儿童的主要生活场所，对儿童的成长和发展起着至关重要的作用。

一、儿童娱乐设施

儿童娱乐设施是专为儿童设计的，旨在提供娱乐、促进身体和心理发展的空间。这些设施不仅包括户外公园中的滑梯、秋千等传统设备（见图 2-4），也涵盖了室内游戏场所、主题公园以及各种互动式和教育性的娱乐项目。随着社会的发展和科技的进步，儿童娱乐设施的设计和功能也在不断进化，以更好地满足儿童的成长需求。

从概念上讲，儿童娱乐设施不仅是简单的娱乐工具，还是儿童成长过程中重要的学习和社交平台。这些设施通过提供安全、有趣且富有教育意义的游戏环境，帮助儿童在玩耍中发展身体协调能力、认知技能和社会交往能力。

图 2-4　儿童娱乐设施

在发展状况方面，近年来，随着对儿童发展重要性的认识加深，儿童娱乐设施的设计越来越注重科学性和人性化。引入多元智能理论来设计能够促进儿童多方面发展的娱乐设施，以及通过研究儿童的行为和心理特征，来优化娱乐设施的功能和布局。此外，随着环保意识的提升，越来越多的娱乐设施开始采用自然元素和可持续材料，旨在创造更加健康和生态友好的游戏环境。然而，尽管取得了一定的进展，儿童娱乐设施的发展仍面临一些挑战。

第一，儿童娱乐设施的建设规模不够。尽管城市儿童娱乐设施的建设规模在不断扩大，但与发达国家相比，仍存在明显的差距。此外，城市化的发展也导致了一些城市儿童娱乐设施区域的缩小，导致儿童娱乐设施的规模不够。

第二，儿童娱乐设施的质量存在一定问题。由于儿童娱乐设施的建设相对较晚，相关技术和管理经验尚不成熟，因此，很多儿童娱乐设施存在安全隐患，导致儿童受伤或发生其他安全事故。此外，一些儿童娱乐设施的设计不合理，不能满足儿童的需求，导致儿童娱乐设施的使用率较低。

为了解决这些问题，政府和社会组织应该加大对儿童娱乐设施的建设和管理力度，加强安全监管，提高儿童娱乐设施的建设质量，让儿童能够安全、愉快地享受娱乐设施带来的乐趣。

二、儿童教育设施

儿童教育设施是指专门为儿童提供学习、游戏和发展空间的场所和设备。这些设施通常包括幼儿园、小学、中学等学校建筑，以及相关的户外活动区域和室内教学空间。儿童教育设施的设计和布局旨在促进儿童的全面发展，包括身体、智力、道德和美学等方面。

儿童图书馆是儿童文化教育的重要场所，为儿童提供了丰富的阅读资源和阅读环境，有利于儿童的智力和素养发展（见图 2-5）。儿童图书馆是以少年儿童为主要服务对象的社会文化教育机构，旨在为儿童提供课外学习的重要场所，是家庭教育和社会教育的延伸和补充。儿童图书馆的建设规模和质量在近年来也有了明显提高。

在国际视角下，儿童教育设施的设计也强调了户外空间的重要性。在新西兰，户外空间被视为学习过程中不可或缺的一部分，而在苏格兰的一个新校园项目中，通过整合不同信仰和特殊需求的学生，成功地实现了教育资源的共享。

儿童图书馆的建设规模和质量仍然存在一些问题。一方面，一些地区的儿童图书馆建设较为滞后，缺乏必要的阅读资源和环境；另一方面，一些儿童图书馆建设虽然规模较大，但图书资源质量偏低，读者人数较少，使用率低。

图 2-5　北京市顺义区图书馆儿童阅读区

　　为了促进儿童图书馆的建设，政府应该加大对儿童图书馆的投入，提高图书馆的建设质量，丰富图书馆的藏书，提供优质的阅读环境和服务。同时，应该鼓励和支持社会组织和企业积极参与儿童图书馆的建设和管理，提高儿童图书馆的使用率和效益。

三、儿童体育设施

　　儿童体育设施是专门为儿童设计和建造的运动场所和设备，旨在促进儿童的身体健康、增强体质、培养运动技能以及提供娱乐和社交的机会。这些设施通常具有适合儿童年龄和能力水平的设计特点，确保安全性和趣味性。

儿童体育设施的设计和规划需要考虑到儿童的生理和心理特点，以及他们的安全需求。体育器械的设计应基于儿童的人体测量参数、认知发展特征和动作发展需求（见图 2-6）。此外，儿童体育设施的环境创设也非常重要，需要根据幼儿的发展需要和园内空间优势进行合理开发和建构。儿童体育设施不仅提供了一个进行体育活动的物理空间，还通过各种体育活动提高和呵护了儿童的身体素质和心理健康。幼儿园中的体育活动可以增强幼儿的体质，提高他们的参与兴趣。同时，适当的体育设施和器材可以有效地支持体育教学活动的开展，帮助儿童在游戏中学习和发展。

儿童体育设施主要包含安全性、创意性、教育性、互动性、多样性和年龄适应性几个方面的内容（见图 2-7）。常见的主要有学校和幼儿园体育设施、公园和社区体育设施、室内体育设施、户外运动场等，通过这些多样化的体育设施，儿童不仅能够获得充分的身体锻炼，还能享受运动的乐趣，培养积极健康的生活方式和社交能力。

四、儿童健康设施

儿童健康设施的概念涉及为儿童提供全面、综合的健康服务和环境，以促进其身心健康发展。这些设施不仅包括物理空间的设计，如医院、诊所、幼儿园等，还包括能够满足儿童心理、社会和情感需求的服务和活动。

儿童健康设施应当考虑到儿童的特殊需求，创造一个既安全又能激发儿童好奇心和探索欲的环境。这包括对儿童房间的环境设计进行分析，遵循儿童心理发展的原则，为不同年龄阶段的儿童营造良好的家居空间环境。此外，儿童健康设施的设计还应考虑到儿童的心理发展需要，通过提供适合其发展的外部环境和"软环境"，促进儿童真正健康的成长。

儿童医院和诊所是儿童健康保障的重要场所，随着医疗事业的不断发展，儿童医院和诊所的建设规模和质量也有了明显提高（见图 2-8）。然而，儿童医疗设施建设还存在一些问题。一方面，一些地区

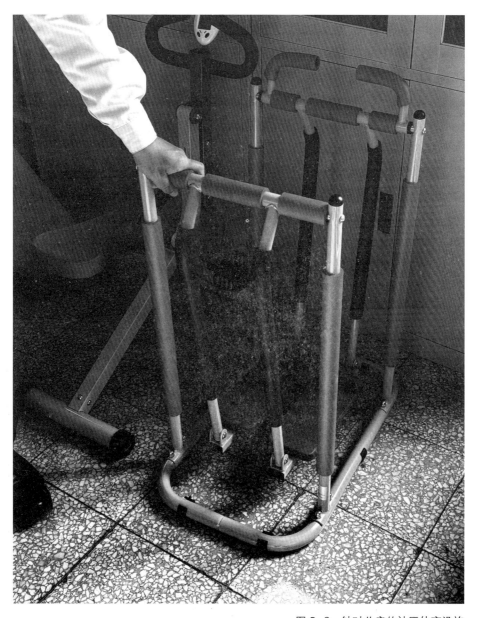

图 2-6 针对儿童的社区体育设施

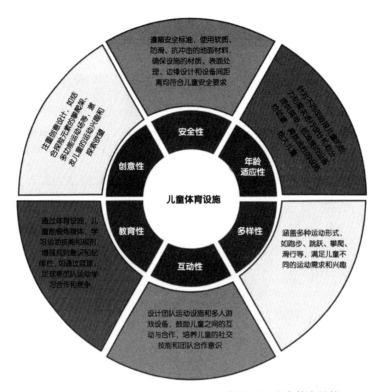

图 2-7 儿童体育设施

图 2-8 儿童医院中的儿童病房

的儿童医疗设施建设滞后，医疗资源不足，影响了儿童健康保障水平；另一方面，一些儿童医疗设施建设规模较大，但医疗资源配置不合理，服务效率偏低，影响了医疗服务质量。

第三节　认知心理学影响下的儿童行为和需求分析

在认知心理学的影响下，儿童行为分析更加注重儿童的认知发展、个体差异、学习过程和心理机制等方面，这有助于更好地了解儿童的行为特点和行为动机，为儿童教育提供更加科学、有效的指导。通过深入研究儿童行为，我们可以更好地理解儿童的心理需求，为儿童创造更加有利于其成长和发展的环境。

一、儿童在公共设施使用中的行为特征

儿童在公共设施使用中的行为特征是多方面的，受到年龄、性别、个体差异等因素的影响。了解这些特征对于公共设施的设计和管理至关重要，因为它能够帮助设计师更好地满足儿童的需求，提供安全、舒适和有趣的环境。

儿童的身体特征包括生理结构、生理功能和生理发展等方面，这些特征对儿童的认知心理学产生重要影响。在儿童使用公共设施时，这些身体特征可能导致一些特定的行为表现。下面我们从儿童身体特征与认知心理学关系以及儿童在使用公共设施时的表现两个方面进行阐述。

儿童的运动能力有限，这使得他们在操作公共设施时可能不够灵活和准确，如无法顺利通过旋转门、够不到高处的物品等。此外，儿童的生理发展也对认知心理学产生影响。儿童的生理发展包括身高、体重、骨骼和肌肉等方面的生长发育。这些发展变化会对儿童的认知过程产生影响。儿童的身高和视野范围有限，这使得他们在使用公共设施时可能无法观察到设施的全貌，从而影响他们对设施的使用（见图2-9）。此

图 2-9 儿童攀爬设施

外，儿童的肌肉力量和耐力有限，这使得他们在使用需要较大力量或耐力的设施时显得力不从心，如无法独自提起较重的物品、无法长时间站立或行走等。在儿童使用公共设施时，他们的身体特征可能导致以下一些表现。

（一）使用困难

由于儿童的生理结构、生理功能和生理发展特点，他们在使用公共设施时可能会遇到一定的困难。许多公共设施的设计没有充分考虑到儿童的生理和心理需求。公共厕所缺少适合儿童使用的坐便器和洗手台，导致低龄幼儿使用不便。儿童可能无法顺利通过设有身高限制的设施，或者在操作按钮、开关等精细动作时显得不够灵活和准确。儿童在使用公共设施时，由于其生理结构、生理功能和生理发展特点，可能会遇到各种使用困难。

儿童在使用户外娱乐设施时，可能会无法正确地预估其使用难度，在攀爬时无法全面地进行上下观察等（见图2-10）。这些使用困难可能会影响儿童的公共设施使用体验，导致他们无法正常使用公共设施，甚至可能对他们的安全产生威胁。因此，公共设施的设计和改进应充分考虑儿童的身体特征，以提高公共设施的适用性和安全性，更好地满足儿童的需求。

（二）需要成人帮助

由于儿童的生理能力有限，他们在使用公共设施时可能需要成人的帮助，如识别和操作设施，或者在遇到困难时寻求成人的协助。

在公共卫生间中，儿童可能需要成人帮助他们理解复杂的使用说明和图标，以及操作卫生设备。儿童可能无法正确使用马桶、洗手池和烘干器等设施。在这种情况下，家长或监护人需要陪伴儿童进入卫生间，并向他们解释如何正确使用这些设施。

在公共娱乐设施中，儿童有时需要成人帮助他们操作和控制游戏设备。儿童可能无法正确操作游戏机的按钮和操纵杆，导致他们无法顺利进行游戏。在这种情况下，家长或监护人需要陪伴儿童一起玩游

图 2-10　儿童户外攀爬设施

戏，并向他们解释游戏规则和操作方法。亲子互动类互动设施需要一方具有较强的腿部力量，因此需要家长辅助完成（见图 2-11）。

　　在儿童使用公共设施时，成人的帮助和指导对于提高儿童的自主能力和自信心至关重要。家长和监护人应关注儿童在使用公共设施时的需求，及时提供帮助，以确保儿童能够顺利使用公共设施。同时，通过成人的帮助和指导，儿童可以更好地了解公共设施的使用方法和注意事项，从而提高他们在公共场所的适应能力。儿童在使用公共设施时可能需要成人帮助他们理解设施的使用说明、操作设备、解决遇到的困难和问题等。成人的帮助和指导对于提高儿童的自主能力和自信心至关重要。

图 2-11　户外互动式儿童娱乐设施

（三）安全风险

儿童的身体特征可能使他们在使用公共设施时面临一定的安全风险。儿童可能在使用旋转门时被夹住，或者在使用滑梯等设施时受伤。儿童的年龄、体型、运动能力和认知水平等因素也会影响他们在使用公共设施时的安全。较小的儿童由于身体协调性和平衡能力较差，更容易发生意外，因此要加强安全防护（见图2-12）。

关注儿童的行为，确保他们在使用公共设施时不脱离监护人的视线范围，及时纠正危险行为。家长和监护人应与儿童一起使用公共设施，为他们提供必要的指导和帮助，确保他们在使用过程中的安全。当遇到紧急情况时，家长和监护人应保持冷静，及时寻求工作人员或其他人员的帮助，确保儿童的安全。家长和监护人应关注公共设施的安全改进措施，向有关部门提出改进建议，以提高公共设施的安全性。

（四）行为表现差异

由于儿童的个体差异，他们在使用公共设施时的行为表现可能存在差异。有些儿童可能更加适应公共设施的使用，而有些儿童可能表现出焦虑、紧张等情绪。儿童在使用公共设施时，由于其生理结构、生理功能和生理发展特点，可能会表现出不同的行为特征（见图2-13）。

了解儿童的认知特征对于公共设施的设计至关重要。设计师应该根据儿童的认知特点，合理规划空间布局、选择适当的装饰和色彩、提供丰富多样的教育玩具和学习资源，设置安全措施，创造出一个既安全又具有启发性和互动性的公共环境。只有在充分考虑到儿童的认知特征的基础上，公共设施设计才能真正实现儿童友好，为他们提供一个安全、舒适、有趣、具有启发性的空间，促使他们更好地学习、成长和发展。

图 2-12　室内体育娱乐设施

图 2-13 儿童在使用公共设施时的差异性

二、儿童在公共设施使用中的需求

　　儿童在公共设施中的需求是多方面的，这种需求直接关系到他们的身心健康、社交能力和学习发展。了解和满足这些需求对于设计儿童友好型公共设施至关重要。儿童在公共设施中的需求是多样化和复杂的。公共设施不仅是一个提供服务的场所，更是一个儿童社会化、认知发展和身心健康的重要平台。了解并满足儿童的需求，可以创造一个安全、启发性、互动性和有趣的环境，让儿童在其中得到充分发展和快乐成长的机会。通过为儿童提供高质量的公共设施，社会可以为下一代的成长和发展奠定坚实的基础，培养出更具创造力和创新力的未来公民。因此，设计和规划儿童友好型公共设施时，必须充分考虑儿童的需求，确保他们在公共空间中获得全面的支持和关爱，促进他们的身心健康、智力发展和社会适应能力的全面提升。具体可以从安全需求、游戏需求、社交需求和教育需求四个方面进行阐述（见图2-14）。

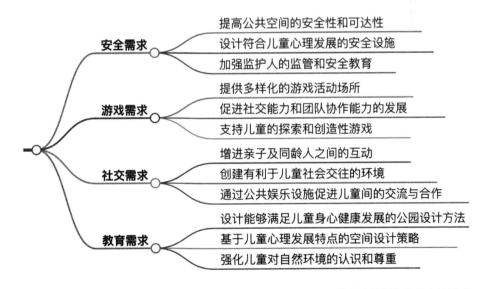

图 2-14 儿童在公共设施使用中的需求

（一）安全需求

儿童在使用公共设施时，安全性是首要考虑的因素。研究表明，儿童由于年龄小、身体协调性和应变能力较差，容易发生意外伤害。因此，公共设施的设计必须考虑到儿童的安全性，包括但不限于防滑地面、适宜的设施高度、无尖锐边角等。此外，家长和监护人的监管也是保障儿童安全的重要因素。当儿童在使用一些具有安全风险的设施时家长和监护人需保障其使用安全（见图2-15）。

儿童的安全需求应考虑以下几个方面。

1. 设施的设计和材料

在设计和使用公共设施时，必须考虑到儿童的安全需求。在设计游乐场时，应该使用柔软、防滑的材料，以减少儿童摔倒和受伤的可能性。在设计游泳池时，应该设置儿童专用的游泳池，以避免儿童在水中有溺水的危险。在设计交通设施时，应该设置适当的交通标志和交通信号灯，以确保儿童在路上的安全。

2. 设施的监管和管理

除了设施本身的设计和材料外，公共设施的监管和管理也是保障儿童安全的重要因素。在游乐场和游泳池等公共场所，应该配备足够的安全员和救生员，以确保儿童的安全。在公共交通设施中，应该设置适当的安全措施，如安全带和儿童座椅，以确保儿童在交通中的安全。

3. 设施的教育和宣传

除了设施本身的设计和管理外，公共设施的教育和宣传也是保障儿童安全的重要因素。在游乐场和游泳池等公共场所，应该设置安全提示牌和警示标志，以提醒儿童注意安全。在公共交通设施中，应该开展宣传活动，向儿童宣传交通安全知识，以提高他们的安全意识。

儿童在公共设施中的安全需求是至关重要的，需要从多个方面来考虑和保障。只有通过全社会的共同努力，才能有效地保障儿童的安全，让他们在公共设施中快乐地玩耍、学习和成长。

图 2-15 儿童攀爬设施

（二）游戏需求

儿童的游戏需求是其在公共设施中最为重要和突出的需求之一。游戏不仅是儿童自然而然的行为方式，也是他们认知发展、情感表达和社交交往的重要途径。在公共设施中，满足儿童的游戏需求不仅是提供娱乐，更是为他们创造一个有益于身心发展的环境。游戏是儿童本能的需求，对于他们的健康、社交和情感发展具有重要作用。

儿童通过游戏发展认知能力。在游戏中，儿童可以模拟各种角色和情境，通过角色扮演、模仿游戏等活动，培养语言、观察、记忆、逻辑等认知能力。模拟厨师的游戏可以培养他们的观察力和逻辑思维，模拟医生的游戏可以培养他们的关心和爱心。在儿童友好型公共设施中，可以设置角色扮演区，提供各种角色服装和道具，让儿童在游戏中发挥想象力，锻炼认知能力。

游戏有助于儿童情感的表达和沟通。儿童通常通过游戏来表达自己的情感，包括愉快、兴奋、愤怒、焦虑等。游戏中的角色扮演和互动可以让儿童更好地理解自己和他人的情感，学会情感管理和表达。在公共设施中，可以设置各种情感表达游戏，如绘画、手工制作、角色扮演等，以便促进他们的心理健康。

游戏还能够帮助儿童发展运动技能。在游戏中，儿童通常需要进行各种运动活动，如奔跑、跳跃、爬升等。这些活动有助于儿童的体能发展，提高协调性和灵活性。在儿童友好型公共设施中，可以设置各种运动设施，如攀爬架、滑滑梯、蹦床等（见图2-16），让儿童在游戏中锻炼身体，促进健康成长。游戏还能够激发儿童的创造力和想象力。在游戏中，儿童可以发挥自己的创造力，创造各种奇妙的游戏规则、角色和情节，培养创造性思维。在儿童友好型公共设施中，可以设置各种创意游戏区，如搭建区、绘画区、手工制作区等，鼓励儿童进行创意游戏，发挥他们的想象力和创造力。

儿童的游戏需求不仅是娱乐，更是一种认知、情感、社交、运动和创造等综合能力的培养。在公共设施的设计中，应该充分考虑到儿童的游戏需求，提供安全、启发性、互动性和多样化的游戏设施，创

图 2-16　幼儿园儿童游乐设施

造一个充满乐趣和学习机会的空间。通过合理的游戏设计，公共设施能够成为儿童快乐成长、全面发展的重要场所，为他们提供一个丰富多彩的游戏世界，促使他们更好地学习、社交、锻炼和创造。

（三）社交需求

儿童在公共设施中的社交需求是儿童成长过程中非常重要的一部分，因为儿童在公共设施中不仅可以享受各种服务，还可以结交新朋友，扩大自己的社交圈子。因此，在设计和使用公共设施时，必须考虑到儿童的社交需求，并采取相应的措施来满足他们的社交需求。

在设计和使用公共设施时，要考虑到儿童的社交需求。在设计游乐场时，应该设置不同的游乐区域，以便儿童在玩耍时可以相互交流和互动（见图2-17）。在设计图书馆时，应该设置儿童专用的阅览室，以便儿童可以安静地阅读和交流。公共空间的设计对于满足儿童的社交需求至关重要。良好的城市公共空间应该为儿童提供相应所需的空间关怀与安全保障。

除了设施的设计和布局外，公共设施的活动和项目也是满足儿童社交需求的重要因素。在游乐场和图书馆等公共场所，可以定期举办儿童活动和项目，如亲子活动、阅读活动、手工制作活动等，以促进儿童之间的交流和互动。在公园和运动场等公共场所，可以定期举办儿童运动比赛和活动，如足球比赛、篮球比赛等，以增强儿童之间的团队合作和互动。

公共设施的人员和服务也是满足儿童社交需求的重要因素。在儿童公共设施设计时应考虑儿童在使用设施时的不同状态，单人和多人使用时也会有所不同，在娱乐设施空间内设置多人互动的项目可有效提升儿童的社交积极性。

儿童在公共设施中的社交需求需要从多个方面来考虑和满足，包括设施的设计和布局、活动和项目、人员和服务、教育和宣传。只有通过全社会的共同努力，才能有效地满足儿童的社交需求，让他们在公共设施中快乐地玩耍、学习和成长。

图 2-17　儿童在参与户外设施使用时的社交行为

（四）教育需求

儿童在公共设施中的教育需求是其成长过程中至关重要的一部分。良好的教育环境不仅是学校里的课堂，也应该延伸到社会的各个角落，包括公共设施。在公共设施中，儿童不仅能够获得知识，还能够培养各种能力，促进个人全面发展。

首先，儿童在公共设施中需要获得基础知识。公共图书馆、科技馆、博物馆等场所提供了各种各样的书籍、展品、实验设备，为儿童提供了广阔的知识空间。在这些设施中，儿童可以了解科学、历史、文化等各个领域的知识。在科技馆，儿童可以通过观察实验、参与互动项目，了解科学原理，培养科学探究精神（见图2-18）。公共图书馆提供了大量的图书资源，儿童可以阅读各种书籍，丰富自己的知识面。这种知识获取不仅是为了学业，更是为了激发他们的兴趣，培养他们的探究精神。

图 2-18 中国科学技术馆展品

其次，儿童在公共设施中需要获得实践经验。教育不仅是理论知识的传递，更是实践能力的培养。通过将教育内容融入设施设计中，如通过游戏化学习等方式，可以在儿童玩耍的同时进行知识的学习和技能的培养。在艺术馆，儿童可以参与绘画、陶艺等手工艺制作活动，培养他们的动手能力和审美能力。在科学馆，儿童可以进行各种科学实验，了解科学原理，培养他们的观察力和实验能力。这种实践经验不仅能够提高儿童的动手能力，还能够激发他们的兴趣，培养他们的实际操作能力。设施应设计得能够促进儿童之间的交流和互动，增强他们的社交能力和团队协作能力。社交能力是儿童成长过程中必不可少的一部分，也是他们未来生活和职业发展中的重要素质。在公共设施中，儿童间可以互动、合作，学会分享、合作和竞争。这种社交经验不仅能够提高儿童的社交技能，还能够培养他们的合作精神和团队合作意识。儿童在公共设施中需要获得自主经验。自主性是儿童个性发展的一部分，也是儿童成长过程中需要培养的能力。这种自主经验能够培养儿童的自主性和独立性，提高他们的自主选择和决策能力。

儿童在公共设施中的教育需求是多层次的、多元化的。公共设施不仅是传递知识的场所，更是培养能力、锻炼品格、促进社交发展和培养自主性的重要场所。了解并满足儿童的教育需求，对他们的全面发展具有重要意义。

三、儿童在公共设施使用中行为和需求的影响因素

儿童在公共设施中的行为和需求受到社会因素和环境因素的共同影响。为了更好地满足儿童的需求，我们需要在设计和使用公共设施时充分考虑这些因素，创造一个适合儿童成长和发展的环境。

（一）社会因素

社会因素包括社会文化、社会价值观、社会风气等，这些因素对儿童的行为和需求产生重要影响。社会文化会影响儿童对公共设施的

认知和态度，社会价值观会影响儿童在公共设施中的行为规范，社会风气会影响儿童在公共设施中的活动内容和方式。

社会文化会影响幼儿教育政策及其实践的发展变革，进而影响儿童在教育环境中的行为和需求。在一些重视儿童独立性和自主性的社会文化中，儿童可能更倾向于在公共设施中独立探索和玩耍；而在一些重视儿童顺从和尊敬长辈的社会文化中，儿童可能更倾向于在公共设施中遵循规则和听从长辈的指导。

社会价值观对儿童的行为和需求产生重要影响。社会价值观和风气对儿童的公共道德行为有着直接的影响。重视传统文化的传承与发展也会让儿童从小树立文化自信（见图2-19）。

研究表明，初中生的社会价值取向对其合作行为有显著的正向预测作用，亲社会取向的学生在公共物品困境中的合作水平显著高于亲自我取向的学生。在一个重视公平和共享的社会价值观中，儿童可能更注重在公共设施中的平等和共享；而在一个重视竞争和优胜的社会价值观中，儿童可能更注重在公共设施中的竞争和表现。

不同的社会风气会影响儿童在公共设施中的活动内容和方式，进而影响他们的需求和行为。在一个鼓励创新和探索的社会风气中，儿童可能更倾向于在公共设施中尝试新事物和探索未知；而在一个注重传统和规矩的社会风气中，儿童可能更倾向于在公共设施中遵循传统和规矩。

儿童在公共设施中的行为和需求受到社会因素和环境因素的共同影响。为了更好地满足儿童的需求，我们需要在设计和使用公共设施时充分考虑这些因素，创造一个适合儿童成长和发展的环境。这需要在设施设计时注重儿童需求和兴趣，采用安全、环保、耐用的材料，同时注重设施的管理和维护，确保设施的正常运行和良好状态。同时，我们还需要关注社会因素的影响，通过营造良好的社会文化、社会价值观和社会风气，引导儿童在公共设施中的积极行为和需求。家庭、学校和社会应共同努力，加强对儿童的教育和引导，培养他们的公共意识和社会责任感，使他们能够更好地利用公共设施，同时也能够爱护和维护公共设施，使其能够持续地为社会的发展做出贡献。只有这

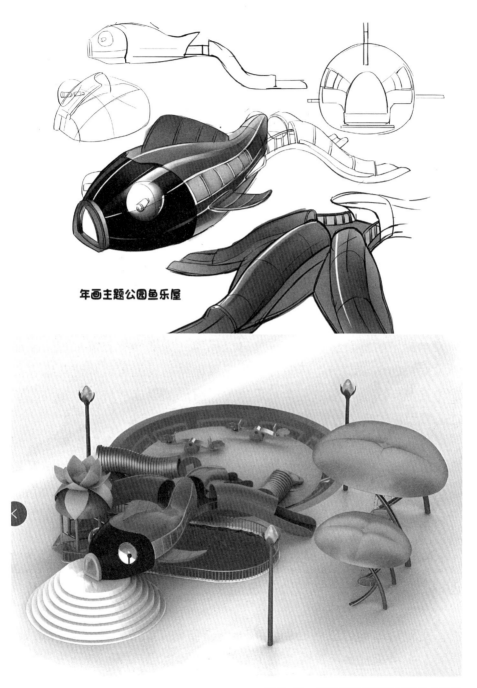

图 2-19 天津杨柳青年画风格公共设施

样，我们才能够为儿童提供一个良好的公共设施环境，促进他们的全面发展和健康成长。

（二）环境因素

公共设施的环境因素包括设施的设计、布局、材料、管理等，这些因素直接影响儿童在公共设施中的行为和需求。设施的设计和布局会影响儿童的活动空间和互动方式，设施的材料和质量会影响儿童的安全和舒适度，设施的管理和维护会影响儿童的活动秩序和体验。

公共设施的设计和布局对儿童的行为和需求产生重要影响。合理的设施设计和布局可以为儿童提供舒适、安全、有趣的活动空间，从而满足他们的需求。设计合理的游乐场可以激发儿童的探索欲，提供丰富的互动体验；布局合理的图书馆可以提供安静的阅读环境，满足儿童的求知欲。

公共设施的材料和质量对儿童的行为和需求产生重要影响。安全、环保、耐用的材料和优质的设施可以保障儿童的安全和舒适度，从而满足他们的需求。使用环保材料和无毒涂料的设施可以降低儿童在活动中接触有害物质的风险；采用防滑、耐磨的设施材料可以提高儿童在公共设施中活动的安全性。

公共设施的管理和维护对儿童的行为和需求产生重要影响。良好的设施管理和维护可以确保设施的正常运行和良好状态，从而满足儿童的需求。应当定期对设施进行清洁、检修和更新才可以保障设施的卫生和安全性；设置明确的使用规则和注意事项可以引导儿童正确使用设施，避免意外事故的发生（见图2-20）。

四、儿童认知心理学对公共设施设计的指导作用

儿童认知心理学是心理学的一个重要分支，它研究儿童在认知、语言、学习和社会交往等方面的心理过程和发展规律。与公共设施的关系主要体现在公共设施的设计与儿童认知心理学的相互影响和互动。公共设施作为儿童学习、游戏、社交等活动的场所，其设计应当充分

图 2-20　社区儿童公共设施

考虑儿童的认知心理特点，以提供一个有利于他们认知发展的环境。

　　首先，儿童认知心理学为公共设施的设计提供了理论指导。了解儿童认知发展的阶段性特点，例如感知、注意、记忆、思维等方面的发展规律，可以帮助设计师判断儿童在不同年龄段的需求，从而合理设计公共设施的结构和内容。在幼儿期，儿童的注意力持续时间较短，幼儿更喜欢色彩鲜艳、造型简单、具有触觉体验的元素（见图 2-21）；而在学龄期，儿童的认知能力和抽象思维能力逐渐增强，可以设计更具挑战性的智力游戏，促使他们进行思维训练。

　　其次，公共设施的设计可以促进儿童的认知发展。合理设计的公共设施可以提供各种刺激，帮助儿童发展感知、注意、记忆、智力等认知能力。在图书馆中，合理分类的图书和富有启发性的读物可以拓

图 2-21 色彩鲜艳的室外娱乐设施

展儿童的知识面；在科技博物馆中，交互式的展品和实验可以激发儿童对科学知识的兴趣，促使他们进行探究和实验；在儿童博物馆中，通过触摸、听觉、视觉等多种感官体验，儿童可以更好地理解展品，丰富认知。

此外，公共设施的设计也可以帮助儿童培养认知技能。认知技能包括语言、数字、空间、时间、逻辑等方面的能力。在儿童图书馆中，可以设置语言启蒙区，提供丰富多样的图画书籍，帮助幼儿学习语言；在儿童科技馆中，可以设置数字游戏区，通过数字游戏培养儿童的数学思维；在儿童艺术馆中，可以设置绘画、手工制作区，培养儿童的空间想象力和手眼协调能力。这种针对性的设计有助于儿童认知技能的全面发展。公共设施的社交环境也对儿童的认知发展产生影响。儿童在公共设施中与其他儿童互动，学会分享、合作、竞争，这些社交互动可以促进儿童的语言沟通能力和社会认知能力的提高。在游乐场中，儿童与伙伴互动，进行角色扮演和合作游戏，锻炼了他们的社交技能；在学校图书馆中，儿童间分享读书心得，提高了他们的语言表达能力。这种社交环境的建设有助于儿童认知发展，同时也培养了他们的社交技能。

儿童认知心理学与公共设施的设计密切相关，合理运用儿童认知心理学的理论指导，可以更好地满足儿童的认知需求，促进他们的认知发展。公共设施的设计应当充分考虑儿童的认知特点，提供具有启发性、互动性和创造性的环境，为儿童的认知发展提供更多的机会和支持。通过科学合理的设计，公共设施可以成为儿童认知心理发展的重要场所，助力他们在认知领域取得更好的发展。

第三章

儿童友好型公共设施的特征和设计要素分析

第一节 儿童友好型公共设施的特征

一、安全性

儿童友好型公共设施注重儿童的安全。它们采取措施确保设施的结构稳固，表面平滑，材料安全，以减少意外伤害的风险。儿童友好型公共设施的安全性评价是一个复杂的过程，需要综合考虑多种因素。这包括但不限于设施的设计质量、材料的安全性、维护状况以及周边环境的安全性等。安全性是儿童友好型公共设施不可或缺的特征，它涉及设施的结构稳固性、材料安全性、摔落防护、可视性和监控、警示标识和指导，以及设施的维护和检查等，具体如表 3-1 所示。

表 3-1 儿童公共设施安全性

类别	内容
结构稳固性	儿童友好型公共设施的结构应该设计稳固，能够承受儿童的使用和活动。设施的构件和连接部分应该牢固，以防止儿童在使用过程中发生意外摔倒、滑倒或受伤
材料安全性	设施的材料应该符合安全标准，不含有对儿童有害的物质，如有毒的化学物质或锐利的边缘。表面材料应平滑，不应有尖锐的边角或突出的部分，以避免儿童受伤
摔落防护	对于儿童可能发生跌落的高度，设施应提供适当的摔落防护措施。在滑梯和攀爬结构上应有柔软的表面材料，如橡胶垫或人造草坪，以减少跌倒或跌落时的冲击和伤害
可视性和监控	设计应考虑到监护人对儿童的监管和监控。设施应提供适当的视线范围，使家长和监护人能够清楚地看到儿童的活动情况，并及时做出反应

类别	内容
警示标识和指导	设施应标示相关的安全警示标识和使用指导，以提醒儿童和监护人注意安全事项和正确的使用方法。这些标识和指导应以儿童易懂的形式呈现，如图示、简短明了的文字或颜色符号
维护和检查	设施需要定期进行维护和检查，确保设施的安全性得到持续保障。定期的检查可以及早发现设施的损坏或潜在的安全隐患，并及时进行修复和维护

二、适应性

儿童公共设施考虑到不同年龄和发展阶段的儿童的需求和能力。它们提供不同的活动和设备，以适应儿童的身体发展、认知水平和技能。适应性是儿童友好型公共设施的一个重要特征，它涉及根据儿童的年龄、身体发展和认知水平，提供适合他们需求和能力的设施和活动。儿童公共设施适应性类别，如表3-2所示。

表3-2　儿童公共设施适应性

类别	内容
年龄适应性	儿童友好型公共设施应该考虑到不同年龄段儿童的需求。对于幼儿，设施可能包括柔软的垫子、矮桌椅、简单的滑梯和攀爬结构。对于学龄儿童，设施可能更具挑战性，包括更高的滑梯、复杂的攀爬结构、运动场等
身体适应性	设施应该适应儿童的身体发展和能力。对于较小的儿童，设施可能设计得较低矮，以便他们能够安全地使用和玩耍。对于较大的儿童，设施可能设计得更高，并具有更多的挑战和运动元素，以适应他们的身体能力和成长需求

类别	内容
认知适应性	设施应该符合儿童的认知水平和发展需求。对于幼儿，设施可能包括形状分类游戏、简单的迷宫和感官刺激的元素，以促进他们的感知和认知发展。对于学龄儿童，设施可能包括解谜游戏、智力挑战和学习元素，以激发他们的思维能力和创造力
多样性和灵活性	设施应该具有多样性和灵活性，以满足不同儿童的兴趣和喜好。设施可能包括不同类型的游戏和活动，如攀爬、滑梯、秋千、迷宫、角色扮演等，以便儿童能够选择适合他们的活动方式
可访问性	设施应考虑到儿童使用轮椅、拐杖或其他辅助工具的情况，并提供适当的辅助设施，如无障碍通道等
发展阶段适应性	设施应该根据儿童的不同发展阶段提供适应性。儿童在不同的年龄阶段有不同的兴趣、能力和发展需求。设施可以分为幼儿园、小学和青少年等区域或区域，以满足不同阶段儿童的特定需求
社交适应性	公共设施应提供足够的空间和设备，以促进儿童之间的交流、合作和互动。设有多人游戏或团队活动的区域，可以鼓励儿童与其他同龄人一起参与，培养他们的社交技能和合作精神
多元文化适应性	设施还应考虑到多元文化的背景和需求。这意味着设施应该提供多样化的元素和活动，以反映不同文化的价值观、传统和教育目标。通过展示和尊重不同文化的元素，设施可以为儿童提供一个包容和多样化的环境

三、刺激性

儿童友好型公共设施提供刺激性的体验和活动，以吸引儿童的注意力和兴趣。它们可能包括丰富多彩的元素、有趣的形状和质地，以及各种运动、挑战和互动的功能（见表3-3）。

表 3-3　儿童公共设施刺激性

方式	内容
探索性活动	提供多种探索性活动，以鼓励儿童主动参与和探索周围环境。设有迷宫、隧道、隐藏通道等的结构可以激发儿童的探险精神和发现欲望
想象力激发	鼓励儿童的想象力和创造力的发展。设施可以设计成具有多种角色扮演的场景，如城堡、火车、飞船等，以激发儿童的想象力，让他们参与到角色扮演和故事创作中
感官刺激	提供丰富的感官刺激，以帮助儿童探索和感知世界。设施可以包括音乐元素、触摸感应表面、水喷泉、香味花园等，以提供视觉、听觉、触觉、嗅觉和味觉等多种感官体验
智力挑战	提供智力挑战，以促进儿童的思维和解决问题的能力。设有智力游戏、解谜活动、拼图等的区域可以激发儿童的逻辑思维、空间认知和问题解决能力
环境变化	提供环境变化的元素，以增加儿童的兴趣和参与度。设施中的水喷泉可以产生变化的水流模式，或者设有可变形的结构和组件，让儿童在不同的布局和形式中体验不同的刺激
科学和自然元素	引入科学和自然元素，以激发儿童对自然环境和科学知识的探索兴趣。设有观察小动物的区域、植物园、天文观察点等，可以帮助儿童了解生物多样性、生态系统和天文现象

四、互动性

儿童公共设施鼓励儿童之间的社交互动和合作。它们提供适合团队游戏和合作的空间和设备，促进儿童之间的交流、合作和友谊。互动性是儿童友好型公共设施的一个重要特征，它涉及设施能否促进儿童之间、儿童与环境之间的互动和参与（见表 3-4）。

表 3-4 儿童公共设施互动性

方式	内容
合作互动	鼓励儿童之间的合作互动。设施可以设计成需要多人合作才能完成的活动，如合作攀爬结构、团队游戏区域等。这样的设计能够促进儿童之间的合作、沟通和协作，培养他们的团队精神和社交技能
角色扮演	提供角色扮演的机会，让儿童参与到虚拟的场景和角色中。设有戏剧舞台、角色装扮区域等的设施可以激发儿童的想象力，让他们扮演不同的角色，创造自己的故事和游戏
感知和反馈	感知儿童的行为和动作，并给予相应的反馈。设有触摸感应、声音感应或运动感应技术的设施可以根据儿童的触摸、声音或运动产生相应的反应，增加互动的乐趣和参与度
数字技术互动	随着数字技术的发展，互动性的设施可以结合数字技术，提供更多的互动体验。设有交互式投影屏幕、虚拟现实设备、电子游戏等的区域可以通过数字界面和游戏性质吸引儿童参与，并促进他们的学习和创造力
创造性互动	鼓励儿童的创造性互动。设施可以提供材料、工具和空间，让儿童参与到艺术、手工制作、建造等创造性活动中。这样的设计能够激发儿童的创造力、想象力和表达能力
家长和儿童互动	鼓励家长与儿童互动。设施可以提供家长与儿童一同参与的活动或设备，促进亲子关系的建立和加强。设有家庭游乐区、亲子互动游戏等的设施可以让家长和儿童一同玩耍、交流和分享乐趣
社交互动	鼓励儿童之间的社交互动。设施可以提供社交活动的场所，如交谈区域、集体游戏区域等，以促进儿童之间的交流、合作和友谊建立

五、想象力和创造力

儿童友好型公共设施在激发儿童的想象力和创造力方面发挥着重要作用。这些设施不仅是为了儿童玩耍和消遣，更是为他们提供了一个有趣和富有启发性的环境，有助于培养他们的创造力、想象力和探索精神。如何通过多样性的玩法和互动方式来促进儿童的角色扮演、创造性活动和自主探索，具体如表 3-5 所示。

表 3-5 儿童公共设施想象力和创造力

方式	内容
多样性的玩法	提供丰富多样的玩法，涵盖不同的游戏和活动。这可以包括各种游乐设备、智力游戏、沙池、攀爬结构、水池等。这些多样性的元素鼓励儿童尝试不同的活动，从而促进他们的创造力和想象力的发展
角色扮演的机会	模仿真实场景的环境，如小镇、商店、医院、消防站等。这些场景为儿童提供了进行角色扮演的机会，让他们可以在模拟的环境中扮演不同的角色，从而激发他们的想象力。通过角色扮演，儿童可以创造出各种情节和故事情景，培养他们的创造性思维
创造性的活动	鼓励儿童参与各种创造性的活动，如绘画、手工艺、搭建等。设施可以提供绘画墙、艺术工作坊区域、搭建积木区等，以激发儿童的创造性潜能。这些活动不仅培养了他们的创造力，还帮助他们发展手眼协调能力和问题解决能力
自主探索的空间	设计成能够激发儿童自主探索的空间。这意味着提供一些开放性的结构和区域，让儿童可以自由地探索、发现和尝试。设计一个探险区域，包括迷宫、隧道、藏身处等，让儿童在其中自由探索，培养他们的好奇心和勇气
启发性的设计	设计应当充满启发性，例如在场地中布置一些艺术装置、科学展示板、童话故事元素等。这些元素可以引导儿童思考和想象，激发他们对于不同领域的兴趣，从而促进他们的创造力的发展

总之，儿童友好型公共设施通过提供多样性的玩法、角色扮演的机会、创造性的活动以及自主探索的空间，有助于激发儿童的想象力和创造力。这些设施不仅是娱乐场所，更是教育和发展儿童全面能力的重要场所。通过与其他儿童互动和参与各种活动，他们能够在愉快的氛围中不断成长、学习和创造。

六、参与性

儿童友好型公共设施在鼓励儿童的主动参与和自主性方面起着重

要作用。通过为儿童提供参与决策和规划的机会，以及让他们体验参与的乐趣和成就感，这些设施可以帮助儿童培养积极的参与态度、自信心和领导能力，儿童公共设施参与性方式，如表3-6所示。

表3-6 儿童公共设施参与性

方式	内容
参与决策和规划	纳入儿童的意见和建议。在设施建设之前，可以举行儿童参与的工作坊或座谈会，听取他们对于设施的期望和想法。这样做不仅能够使儿童感到被重视，还能够确保设施的设计更符合他们的需求和兴趣
创造性参与活动	设施可以设置一些特定的区域或活动，让儿童参与其中。设计一个"创意墙"，让儿童可以在上面涂鸦、贴画，从而对公共空间的外观产生影响。这样的活动激发了儿童的创造力和主观能动性，让他们感到自己对环境有实际的影响力
项目式活动	定期举办一些项目式活动，让儿童可以自愿参与并发挥自己的创意和才华。举办绘画比赛、手工制作工作坊、小型剧场演出等。这些活动不仅培养儿童的兴趣，还让他们体验到合作、表达和自我实现的成就感
引导性角色	在设施中可以有一些成年人或指导员的引导，但不是为了指导儿童做什么，而是为了在需要的时候提供帮助、启发和支持。这些引导性角色可以促进儿童自主学习和自我发展，同时也能确保他们在参与过程中的安全和积极体验
展示和分享机会	设置一些展示空间，让儿童可以展示他们的作品、创意和成果。这些展示可以是艺术展、手工艺展示、故事分享会等。通过展示和分享，儿童可以得到来自他人的认可和鼓励，从而增强他们的自信心和积极参与意愿

通过这些方式，儿童友好型公共设施可以创造一个鼓励儿童参与的环境，让他们有机会在决策、创意、表达和合作等方面发挥主动性。这种参与不仅有助于培养儿童的领导才能、创造力和自信心，还能够为他们建立积极的社会意识和价值观，为未来的成长奠定坚实的基础。

七、教育性

儿童友好型公共设施在提供教育性的体验和学习机会方面具有重要意义。通过融入教育元素，如数字、字母、形状、颜色等，以及通过游戏和互动来促进儿童的认知和学习能力，这些设施不仅可以让儿童在玩耍中学习，还能够培养他们的好奇心、求知欲和自主学习能力。

第二节 儿童友好型公共设施现状和设计要素分析

为了创造一个适合儿童成长、发展和娱乐的环境，各地逐渐兴建了各种儿童友好型公共设施。这些设施旨在满足儿童的特殊需求和兴趣，为他们提供一个安全、有趣和教育性的场所。儿童友好型公共设施的多样性和创新性，为儿童提供了各种各样的体验，促进了他们的身体、认知和情感发展。

一、儿童友好型公共设施现状

儿童友好型公共设施是指在设计、建设和运营过程中充分考虑到儿童的需求和安全，为儿童提供便利、舒适、安全的使用环境和设施。这些设施可以分为不同的类别，包括文化设施类、娱乐设施类、交通设施类等。

（一）文化设施类

文化设施是指为满足人们文化需求而设立的各类场所和机构，包括但不限于博物馆、图书馆、美术馆、音乐厅、戏剧院、电影院、文化馆、科技馆以及学校周边的公共设计、图书馆儿童阅读区等，这些空间不仅满足儿童的学习需求，还鼓励他们探索知识和自我发展。这些设施不仅为公众提供了丰富的文化资源，也为人们提供了一个学习、交流、休闲和娱乐的空间。在我国，文化设施的建设和发展已经取得了显著的成果，各类文化设施的数量和质量都有了较大的提升。但是，对于儿童友好型文化设施的建设，还有许多需要改进的地方。

博物馆是儿童学习历史文化、科学知识的重要场所。我国许多博物馆都设有儿童教育区，并设置了多种多样的互动设施，提供一些互动展示和教育活动（见图3-1）。但儿童友好型设施建设方面仍有不足，比如，部分博物馆的展示内容过于专业化，难以吸引儿童的兴趣；部分博物馆的互动设施设计不够人性化，使用不便。

图书馆是儿童阅读和学习的重要场所。我国许多公共图书馆都设有儿童阅览室，提供丰富的儿童图书资源。但是部分儿童阅览室的空间布局不够合理，桌椅高度和照明条件等硬件设施不够舒适。部分图书馆的儿童图书资源更新不及时，无法满足儿童不断变化的阅读需求。此外，部分图书馆对儿童的服务不够细致，无法提供针对性的阅读指导和活动。

美术馆和音乐厅等艺术类设施也是儿童接受艺术教育和熏陶的重要场所。然而，目前我国许多艺术类设施对儿童的关注度不够，很少有专门针对儿童的艺术教育和活动。这导致许多儿童对艺术类设施的兴趣和参与度不高，无法充分发挥艺术类设施在儿童教育中的作用。

在科技馆方面，我国一些大型科技馆设有儿童专区，提供一些互动展示和科普活动（见图3-2）。但是部分科技馆的儿童专区设施陈旧，缺乏新意，难以激发儿童的兴趣；部分科技馆的科普活动过于理论化，缺乏实践环节，难以让儿童深入理解和掌握科学知识。

总体而言，我国现有的文化类设施在儿童友好建设方面存在一定的不足。针对儿童的设施和服务供给不足，尤其是艺术类设施和科技馆。许多设施未能充分考虑儿童的需求和兴趣，导致儿童参与度不高。

另外，部分设施的设计和布局不够人性化，无法提供舒适的环境和服务。再就是针对儿童的活动和教育资源不够丰富，更新不及时，无法满足儿童不断变化的需求。

图 3-1　国家海洋博物馆互动设施

图 3-2　中国科学技术馆互动设施

（二）娱乐设施类

　　儿童娱乐设施是指专为满足儿童娱乐需求而设立的各类游乐场所和设备，包括但不限于游乐场、儿童乐园、室内游乐中心等。这些设施旨在为孩子们提供一个寓教于乐、安全、舒适的游玩环境。然而，在现有的儿童娱乐设施中，仍存在一些优点和缺点。

　　从优点方面来看，首先，儿童娱乐设施在设计上通常会充分考虑儿童的生理和心理特点。因此，这些设施往往具有丰富的色彩、生动的造型以及吸引儿童的互动元素。此外，许多儿童娱乐设施还融入了教育元素，如认知、动手能力、团队协作等方面的训练，有助于儿童

的全面发展。其次，儿童娱乐设施在安全方面有着较高的要求。为了
保障儿童在游玩过程中的安全，这些设施通常会采用柔软、无毒、无
锐利的材料，同时设有防护措施，避免儿童在游玩过程中受到伤害。
此外，娱乐设施的维护和检修工作也相当重要，确保设施的正常运行，
降低安全风险。设计师在进行公共设施设计时综合考虑儿童娱乐空间、
家长休息空间、其他辅助设施等，使其对儿童友好、用户友好，同时
在材料选择上充分考虑绿色环保材料，确保设施生命周期的完整性
（见图 3-3）。儿童娱乐设施的创意改造需要深刻反思，通过功能创意、
文化传播、视觉形式和安全保障这四个方向的创意设计来满足儿童在
娱乐、成长中的需求。

　　现有的儿童娱乐设施也存在一些不足之处。首先，部分儿童娱乐
设施的设计缺乏创新，难以激发儿童的兴趣。随着科技的发展，孩子
们对新鲜事物充满好奇心。因此，娱乐设施的设计应当与时俱进，引

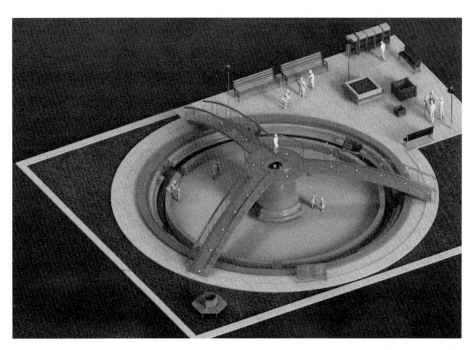

图 3-3　儿童下沉式广场娱乐设施

入更多新颖的元素和科技手段，以吸引儿童的注意力。其次，部分儿童娱乐设施在功能上过于单一，无法满足儿童多样化的需求。儿童在成长过程中，对知识和技能的需求是多元化的。因此，娱乐设施应增加功能性，涵盖更多方面的知识和技能训练，帮助儿童全面发展。

针对上述问题，需要在以下几个方面加强儿童娱乐设施的建设。一是注重创新设计，提高设施吸引力。各类儿童娱乐设施应充分运用科技手段和新颖的设计元素，以满足儿童不断变化的兴趣需求。二是丰富设施功能，满足儿童多元化需求。娱乐设施应增加教育、互动、团队协作等功能，以培养儿童的综合能力。三是加强监管，确保设施安全。政府部门应加大对儿童娱乐设施安全的监管力度，确保设施的质量和安全。四是提高设施普及率，降低使用成本。有关部门和企业应采取措施，降低娱乐设施的成本，使其更加亲民，让更多儿童受益。

（三）交通设施类

儿童友好型交通设施是指在城市规划和交通设计中，特别考虑到儿童的生理、心理特点和行为模式，以提高他们的交通安全性和舒适度的交通设施。这些设施旨在减少儿童在使用公共交通工具、步行或骑行时的安全风险，同时促进他们的积极参与和健康生活方式。交通设施类儿童公共设施是为满足儿童出行需求而设立的各类交通设施，包括但不限于儿童专用座椅、校车、公共交通中的亲子设施等。这些设施旨在为孩子们提供一个安全、舒适的出行环境。

儿童专用座椅和校车在设计上通常会充分考虑儿童的生理和心理特点，因此，这些设施往往具有舒适性高、安全防护性能好等特点。首先，儿童专用座椅通常配备有五点式安全带、侧撞防护等装置，有效保护儿童在乘车过程中的安全。此外，校车在设计上还会考虑儿童的身高、视线等因素，设置专门的儿童座椅和安全带，确保儿童在出行过程中的安全和舒适。学校区域的过街交通安全措施设计也显示了通过改善设计来提升儿童步行过街的安全水平的重要性。其次，公共交通中的亲子设施也在逐渐完善。许多公共汽车、地铁等交通工具已经设置了爱心专座，方便携带婴幼儿的乘客使用。此外，部分城市还推出了亲子出行优惠政策，降低家庭出行成本。人行道的存在与儿童的安全有关，深圳市多地设置儿童友好型彩绘斑马线以保证儿童斑马线通行的安全（见图3-4）。

　　然而，现有的交通设施类儿童公共设施也存在一些不足之处。首先，部分儿童专用座椅和校车的质量参差不齐，存在安全隐患。一些生产商为了降低成本，使用劣质材料生产儿童座椅和校车，导致其在碰撞等突发情况下无法提供足够的保护。因此，政府部门应加强对儿童座椅和校车生产、销售的监管力度，确保产品的质量和安全。其次，公共交通中的亲子设施尚不完善。虽然部分城市已经设置了爱心专座和亲子出行优惠政策，但仍有许多城市在这方面的设施严重不足。政府部门应加大投入，完善公共交通中的亲子设施，提高家庭出行的便

图3-4　深圳市儿童友好型彩绘斑马线

利性和舒适度。再者，儿童出行安全教育亟待加强。许多家长和儿童在出行过程中，对交通规则和安全意识不够重视，导致儿童出行安全事故频发。因此，政府部门、学校和家长应加强儿童出行安全教育，提高孩子们的安全意识。

针对上述问题，还需要在以下几个方面加强交通设施类儿童公共设施的建设：一是提高设施质量，保障儿童出行安全。相关部门应加强对儿童座椅和校车生产、销售的监管力度，确保产品的质量和安全。二是完善公共交通亲子设施，提高出行便利性。政府部门应加大投入，完善公共交通中的亲子设施，提高家庭出行的便利性和舒适度。三是加强儿童出行安全教育，提高安全意识。政府部门、学校和家长应加强儿童出行安全教育，提高孩子们的安全意识。

（四）医疗设施类

儿童友好型医疗设施是指那些专门为儿童设计，以满足他们的特殊需求和提高就医体验的医疗机构。这些设施通常包括了从建筑设计、内部装饰到服务流程的各个方面，旨在创造一个安全、舒适且富有吸引力的环境，以减轻儿童对医院的恐惧感，促进其身心健康。

儿童医疗类公共设施包括但不限于儿童医院、诊所、社区卫生服务中心、疫苗接种点等。这些设施旨在保障儿童的身体健康，预防和治疗各类疾病。

儿童友好型医疗设施强调人性化和趣味性的设计。例如，通过使用明亮的颜色、有趣的图案和游戏元素来装饰墙壁和天花板，以及设置儿童游乐区和阅读角落，可以吸引儿童的注意力，减少他们在就医过程中的焦虑和不安（见图3-5）。此外，合理的空间布局和功能分区也是关键，需要考虑到儿童的行为习惯和心理特点，以及家庭成员的需求。

儿童医疗类设施的建设和发展已经取得了一定的成果，但仍然存在一些问题和不足。首先，针对儿童的设施和服务供给不足，尤其是诊所和社区卫生服务中心。许多设施未能充分考虑儿童的需求和特殊性，导致儿童就医体验不佳。其次，部分设施的设计和布局不够人性

图 3-5　顺义区妇幼保健院儿童活动区域

化，无法提供舒适的环境和服务。最后，针对儿童的医疗资源和专业人员不够丰富，更新不及时，无法满足儿童不断变化的需求。

（五）体育设施类

体育类儿童公共设施是指为满足儿童体育锻炼和健康成长需求而设立的各类场所和机构，包括但不限于儿童体育场馆、公园、学校体育设施、社区体育设施等。这些设施旨在培养儿童的体育兴趣，提高身体素质，预防和治疗各类疾病。在我国，体育类儿童公共设施的建设和发展已经取得了一定的成果，但仍然存在一些问题和不足。

公园是儿童进行户外活动的重要场所，通常设有儿童游乐区和运动设施。然而部分公园的儿童运动设施陈旧，缺乏新意，难以激发儿童的兴趣；部分公园在儿童活动区域的管理和维护方面存在不足，可能导致安全隐患。

社区体育设施是居民进行体育锻炼的场所，通常设有篮球场、羽毛球场等。然而部分社区体育设施的儿童友好型设计不足，可能无法满足儿童的需求（见图3-6）；部分社区体育设施的管理和维护存在问题，可能导致设施损坏和安全隐患。

我国现有的体育类儿童公共设施在儿童友好型建设方面存在一定的不足。针对儿童的设施和服务供给不足，尤其是社区体育设施和学校体育设施。许多设施未能充分考虑儿童的需求和特殊性，导致儿童参与度不高。另外，部分设施的设计和布局不够人性化，无法提供舒适的环境和服务。针对儿童的体育活动和教育资源不够丰富，更新不及时，无法满足儿童不断变化的需求。

二、儿童友好型公共设施设计要素

儿童友好型公共设施的设计是为了满足儿童在公共空间中的需求，为他们提供一个舒适、安全且有趣的环境。在设计过程中，造型元素、色彩元素和材料元素是三个关键方面，它们共同作用，以实现儿童友好型公共设施的设计目标。

（一）造型元素分析

儿童友好型公共设施设计中的造型元素主要包括以下几个方面：动物形象、自然元素、抽象造型、趣味性设计以及人性化设计。

动物形象是儿童友好型公共设施设计中常见的造型元素，因为动物形象通常能够引起儿童的兴趣和好奇心，同时有助于营造一种轻松、愉快的氛围。在设计过程中，可以根据设施的功能和特点，选择合适的动物形象进行设计。在娱乐设施中，可以采用狮子、老虎、熊猫等动物形象，激发儿童的想象力和创造力。在休息区域，可以设置小鸟、小兔等可爱的动物形象，为儿童营造一个温馨、舒适的环境。此外，还可以将动物形象与设施的功能结合，设计出具有互动性和教育意义的设施，如动物形状的滑梯、秋千、灯具等（见图3-7）。

自然元素是儿童友好型公共设施设计中的另一个重要造型元素，

图 3-6　社区公园儿童使用健身设施

图 3-7　水母造型灯具

因为自然元素能够带给儿童一种亲切、舒适的感觉，有助于他们更好地融入环境。在设计过程中，可以运用山、水、树木、花草等自然元素，为儿童创造一个宜人的空间。在娱乐设施中，可以设置模仿自然景观的元素，如水池、沙滩、山丘等，让儿童在玩耍的过程中感受大自然的魅力。在休息区域，可以运用树木、花草等绿化元素，为儿童营造一个宁静、舒适的环境。此外，还可以将自然元素与设施的功能结合，设计出具有教育意义的设施，如太阳能灯、雨水收集系统等。

抽象造型是儿童友好型公共设施设计中的一种独特的造型元素，它能够激发儿童的想象力和创造力，同时有助于提升设施的艺术感和现代感。在设计过程中，可以根据设施的功能和特点，运用几何图形、线条、色彩等元素进行抽象造型设计。在娱乐设施中，可以采用抽象的形状设计，如圆形、三角形、方形等，让儿童在玩耍的过程中探索形状的变化和组合（见图3-8）。在休息区域，可以运用线条和色彩等元素进行抽象造型设计，为儿童营造一个富有艺术感的环境。此外，抽象造型还可以提升设施的辨识度，使设施更具特色和吸引力。

趣味性设计是儿童友好型公共设施设计中的一个关键造型元素，它能够激发儿童的兴趣和参与欲望，同时有助于提升设施的实用性和互动性。在设计过程中，可以根据设施的功能和特点，运用趣味性的元素进行设计。在娱乐设施中，可以设计成动物、植物等生动形象，激发儿童的兴趣和好奇心。在休息区域，可以设置趣味性的座椅、桌子等，让儿童在休息的过程中感受到乐趣。此外，趣味性设计还可以提升设施的互动性，让儿童在玩耍的过程中结交新朋友，培养良好的社交能力。在进行童趣游乐画廊设计时，外形模仿铅笔与削笔刀的设计，更具趣味性的同时也与设计的绘画主题相吻合。"削笔刀"内设置了智能手绘屏幕与画作科普墙，给予孩子们充足的绘画平台，让他们在游乐中潜移默化培养艺术知识。此外也设有滑梯等游乐设施，增添设施的趣味性（见图3-9）。

设计师在设计过程中，应充分考虑儿童的需求和特点，结合设施的功能、安全、美观等要求，创造出既符合儿童心理，又具有艺术感和趣味性的公共设施。

图 3-8　儿童娱乐设施

图 3-9　童趣游乐画廊

（二）色彩元素分析

儿童友好型公共设施设计中的色彩要素分析是一个多维度、跨学科的研究领域，涉及心理学、环境设计、教育学等多个领域的知识。色彩环境对人的情绪、智力、个性发展有着重要影响。儿童友好型公共设施设计中的色彩要素分析应综合考虑色彩对儿童心理和生理的影响、色彩在视觉导向中的作用、遵循色彩设计的原则和方法、考虑色彩与儿童活动的关系以及探索色彩管理的现实意义与未来价值。通过这样的分析，可以为设计出既美观又实用、能够促进儿童健康成长的儿童友好型公共设施提供科学依据。

儿童对于色彩的敏感度远远高于成人，色彩对于儿童的心理影响也非常大。不同的色彩可以引起儿童不同的心理反应，如红色可以激发儿童的活力和好奇心，蓝色可以让儿童感到安静和放松，绿色可以让儿童感到舒适和自然。因此，在儿童友好型公共设施设计中，合理运用色彩元素可以营造出适合儿童的环境氛围，促进儿童的身心健康发展。色彩元素不仅可以影响儿童的心理，还可以体现公共设施的功能。通过不同的色彩搭配，可以突出公共设施的功能特点，使儿童更容易理解和使用。在儿童游乐场中，使用明亮鲜艳的色彩可以吸引儿童的注意力，激发儿童的游玩兴趣；而在图书馆等学习场所，使用淡雅安静的色彩可以营造适合阅读的氛围。色彩元素对于公共设施的美观度也有着至关重要的作用。合理的色彩搭配可以使公共设施更加美观、生动，提高公共设施的艺术价值。同时，色彩元素也可以使公共设施与周围环境相融合，增强公共设施的环境友好性。

在儿童友好型公共设施设计中，色彩的选择应以符合儿童的喜好和心理需求为原则。一般来说，儿童更喜欢明亮、鲜艳、对比度较高的色彩，如蓝、红、黄、绿等（见图3-10）。同时，也应注意避免使用过于沉闷、压抑的色彩，以及过于刺激、刺眼的色彩。

在儿童友好型公共设施设计中，色彩的搭配应注重对比度和谐，避免过于强烈的色彩对比，以免对儿童的视觉产生不良影响。同时，也应注意色彩的统一性和协调性，以营造出和谐、舒适的环境氛围。

图 3-10　儿童娱乐设施色彩设计

此外，还可以通过色彩的渐变、层次等手法，增强公共设施的立体感和空间感。

在儿童友好型公共设施设计中，色彩的应用应根据不同公共设施的功能和特点进行合理运用。在儿童游乐场中，可以使用鲜艳、明快的色彩来突出娱乐设施的功能，吸引儿童的注意力；而在图书馆等学习场所，可以使用淡雅、安静的色彩来营造适合阅读的氛围。同时，还可以通过色彩的点缀、装饰等手法，增强公共设施的趣味性和艺术性。

色彩元素在儿童友好型公共设施设计中起着至关重要的作用。通过对色彩元素的分析，可以为儿童友好型公共设施的设计提供有益的参考。在实际设计中，应根据儿童的心理需求和功能特点，合理运用色彩元素，以营造出适合儿童的环境氛围，促进儿童的身心健康发展。

（三）材料元素分析

在设计儿童友好型公共设施时，选择合适的材料至关重要。材料的选择不仅要考虑安全性和耐用性，还应关注环境保护和对儿童心理的积极影响。

1. 材料安全

在儿童友好型公共设施的设计中，材料安全性原则是至关重要的，它关系到儿童的生命安全和身体健康。在遵循这一原则的过程中，设计师需要从材料的选择、性能和适用性等多个角度进行全面考虑，以确保设施在满足儿童娱乐和成长需求的同时，最大限度地降低潜在的安全风险。

首先，在材料选择方面，设计师应避免使用有毒、有害物质以及易碎、易伤人的材料。应避免使用含有重金属、甲醛等有害物质的涂料、塑料等，这些物质可能对儿童的身体健康造成严重影响。同时，应选择强度高、耐用性好、安全性能好的材料，如塑料、橡胶、木材等。这些材料具有较好的抗压、抗拉、耐磨性能，能够承受儿童长时间的使用，同时具有较好的缓冲性能，降低儿童受伤的风险。在选择材料时，设计师不仅要考虑其对儿童健康的直接影响，还要考虑其长期使用过程中的耐用性和对环境的影响。

其次，在材料性能方面，设计师应对材料的耐磨性、抗压性、抗拉性、耐候性等性能进行充分考虑。塑料材料应具有良好的抗老化性能，防止在户外使用过程中因紫外线照射而发生龟裂、变形等现象（见图 3-11）；橡胶材料应具有良好的抗磨损性能，以延长设施的使用寿命；木材应进行防腐、防虫处理，以提高材料的耐候性。

最后，在材料适用性方面，设计师应根据设施的具体用途和使用场景来选择合适的材料。对于儿童娱乐设施，可以选用色彩鲜艳的塑料或橡胶材料，以吸引儿童的注意力；对于儿童学习设施，可以选用质地适中的木材，以提供舒适的触感体验。

此外，设计师还应关注材料的环保性能，尽量选择可回收、可降解的材料，以减少对环境的污染。在材料拼接和连接方式上，设计师也应考虑安全性原则。应避免使用易松动、易脱落的连接件，如钉子、螺丝等，以免儿童在玩耍过程中受到伤害。可以采用热熔胶、焊接等牢固的连接方式，确保设施的稳定性和耐用性。

在儿童友好型公共设施的设计中，材料安全性原则涵盖了材料的选择、性能和适用性等多个方面。设计师应全面考虑这些因素，确保

图 3-11　儿童娱乐设施材料损坏

设施在满足儿童娱乐和成长需求的同时，最大限度地保障儿童的生命安全和身体健康。科学的材料选择和设计，可以为儿童提供更加安全、舒适、环保的公共设施，促进儿童的健康成长。

2. 材料的舒适性

在儿童友好型公共设施的设计中，舒适性原则是设计师在选用材料时必须考虑的重要因素。舒适性原则旨在为儿童提供舒适的使用体验，从而让他们更愿意使用这些设施。为了实现这一目标，设计师需要在材料选择、材料质地、材料触感等方面进行综合考虑。

首先，在材料选择方面，设计师应优先考虑那些对人体友好、性质稳定的材料。木材、橡胶和塑料等材料都具有较好的舒适性，可以提供舒适的触感体验。同时，这些材料还具有良好的吸湿、排汗性能，有助于保持儿童在使用过程中的干爽感。相比之下，一些具有刺激性、过敏源或不透气的材料，如某些化纤材料、皮革等，就不太适合用于儿童友好型公共设施。

其次，在材料质地方面，设计师应根据设施的具体功能和使用场景来选择合适的材料质地。对于儿童娱乐设施，可以使用质地较软的材料，如橡胶、海绵等，以提供更好的缓冲性能，保护儿童在玩耍过程中免受伤害。对于儿童学习设施，可以使用质地适中的材料，如木头、塑料等，以提供舒适的触感体验，有助于儿童集中注意力。

再次，在材料触感方面，设计师应关注材料的表面处理。表面处理对于提升材料的触感舒适度至关重要。塑料和金属材料的表面可以进行磨砂、喷涂等处理，以增加摩擦力，提高握感和舒适度。木材的表面可以进行打磨、涂漆等处理，以提供光滑、温暖的触感。此外，设计师还可以考虑在设施表面添加软质材料，如毛绒、海绵等，以提供更加舒适的触感体验。

最后，心理和感官体验对儿童的舒适性同样重要。儿童对于环境的感知和情感反应会影响他们在公共设施中的体验。因此，设计时不仅要考虑物理舒适性，还要考虑如何通过色彩、形状和材质等元素创造一个吸引人且有益于儿童发展的环境。

3. 材料可持续性

在儿童友好型公共设施的设计中，可持续性原则是设计师在选用材料时必须考虑的重要因素。可持续性原则旨在降低设施在整个生命周期中的环境影响，实现环境、经济和社会的可持续发展。为了实现这一目标，设计师需要在材料选择、材料循环利用、材料可降解性等方面进行综合考虑。

首先，在材料选择方面，设计师应优先考虑那些环保、可再生、可回收的材料。木材、竹材等天然材料具有可再生、可生物降解的特点，对环境的影响较小；废旧塑料、金属等回收材料可以减少资源消耗，降低环境污染。相比之下，一些不可再生、不可降解的材料，如聚乙烯、聚氯乙烯等，就不太适合用于儿童友好型公共设施。

其次，在材料循环利用方面，设计师应关注材料的再利用和再循环性能。金属、塑料等材料具有较高的再利用价值，可以通过回收、再加工等方式实现循环利用，降低资源消耗。此外，设计师还可以考虑使用模块化设计，使设施的部件可以方便地更换、维修和升级，从而延长设施的使用寿命，降低废弃物的产生。

最后，在材料可降解性方面，设计师应关注材料的生物降解和光降解性能。生物降解材料可以在微生物的作用下分解为二氧化碳和水，对环境无害；光降解材料在紫外线照射下可以分解，减少对环境的影响。设计师可以选择具有良好降解性能的材料，如淀粉基塑料、竹材等，以降低设施在废弃后对环境产生污染。

在材料生产过程中，设计师还应关注能源消耗和污染物排放问题。在选择材料时，可以优先选择那些生产过程中能耗较低、排放较少的材料（见图3-12）。同时，设计师还可以关注材料的运输成本和能源消耗，选择本地生产的材料，以降低运输过程中的能源消耗和环境污染。

儿童友好型公共设施的设计材料元素分类包括天然材料、可回收材料、可降解材料、软质材料和功能性材料等。设计师在选用这些材料时，应根据设施的具体功能、使用场景以及儿童的需求进行综合考虑，以实现儿童友好型公共设施的环保、舒适、安全和有趣等特点。

图 3-12　环保材料公共设施

根据不同类型的儿童友好型公共设施，设计材料元素的应用也有所不同。

塑胶材料被广泛应用于地面、跑道、球场等区域，以提供良好的弹性和抗滑性，保护儿童在活动过程中免受伤害，户外儿童公共设施设计时地面整体采用塑胶材质（见图3-13）。同时，塑胶材料具有较好的耐候性和抗老化性能，能够承受日晒雨淋，使设施具有较长的使用寿命。

金属材料在娱乐设施中也有广泛的应用，如钢制滑梯、秋千等。金属材料具有较高的强度和稳定性，能够承受儿童长时间的使用和磨损。此外，金属材料的耐候性和抗腐蚀性也较好，使得娱乐设施在户外环境下能够保持较长时间的稳定性和美观度。在设计金属娱乐设施时，设计师会关注设施的尖角、锐边等部位，采用圆角、倒角等设计，避免在使用过程中对儿童造成伤害。

橡胶材料在娱乐设施中的应用主要体现在地面材料、缓冲材料等方面。橡胶地垫可以提供良好的缓冲和抗震性能，保护儿童在玩耍过

图3-13　多材料混合娱乐设施

程中免受冲击。此外，橡胶材料的触感舒适，可以提高儿童在使用过程中的舒适度。在设计橡胶娱乐设施时，设计师会关注橡胶材料的环保性能和耐候性，确保设施在使用过程中不会对环境和儿童造成不良影响。

　　木制材料在儿童娱乐设施中也具有一定的应用，如木制滑梯、木制秋千等。木制材料具有天然的质感和舒适的触感，可以提供良好的触感体验。同时，木制材料具有较好的透气性和吸湿性，使得娱乐设施在户外环境下能够保持干燥和舒适。然而，在设计木制娱乐设施时，设计师需要关注木材的防腐、防虫等问题，以确保设施的长期使用。公共设施是一个多材料设计的混合体，当进行公共设施设计时，需综合考虑各材质的优越性，以达到功能、材料的安全、舒适、可持续使用用（见图3-14）。

图 3-14　怡园木质儿童公共设施

儿童友好型公共设施的设计在形状、色彩和材料元素的选择上，需要注重安全、舒适和环保。通过圆润的形状、明亮的色彩和环保的材料，可以创造出一个富有趣味性、互动性和启发性的环境，让儿童在玩耍、学习的过程中得到最佳的体验。设计师应根据具体需求和场地特点，巧妙地运用这些元素，为儿童打造一个既安全又充满创意的公共空间，为他们的身心健康和全面发展提供良好的支持。

第三节　儿童友好型公共设施案例

重庆的金马仙踪项目以"城市玩具"为核心理念，巧妙地融合了马术运动元素与现代城市景观，创造了一个既富有教育意义又极具娱乐性的公共空间，为不同年龄段的市民提供了全新的休闲体验。

金马仙踪的设计理念——"城市玩具"，是对传统公共空间功能的一次重新定义。它不仅是一个供人观赏的景观，更是一个可以触摸、互动、游戏的空间。这种理念打破了公共空间的静态边界，赋予了公共空间以生命力和故事性。

金马仙踪的精心规划，巧妙地将游乐场景观与城市景观融为一体，形成了开放、通达的景观装置。黄色踪迹的蜿蜒设计不仅为空间增添了视觉上的流动感，还巧妙地引导了人流，使得整个空间既有序又充满变化（见图 3-15）。圆形迷你广场的布置，则为市民提供了多样化的休闲和社交平台，无论是家庭聚会还是朋友小聚，都能在这里找到合适的空间。

在金马仙踪的设计中，安全性被放在了首要位置。项目采用了无毒、环保的材料，并避免了尖锐或坚硬的边缘设计，以确保儿童在玩耍时的安全。地面材料的防滑、防撞处理，以及设施高度的严格计算，体现了对儿童安全的深切关怀。此外，项目还充分考虑了不同年龄段儿童的需求，通过设计不同复杂程度的游戏组件，让每个孩子都能在游戏中找到适合自己的挑战和乐趣。

图 3-15 "金马仙踪"鸟瞰图（图片来源：佰筑设计）

金马仙踪的设计强调互动性，通过设置多种多样的游戏和活动区域，如攀爬架、滑梯、沙池、水玩区等，鼓励儿童积极参与和探索。这些设施不仅提供了娱乐功能，还通过互动游戏促进了儿童的社交和协作能力。同时，圆形迷你广场上的城市家具也为成年人提供了休息和交流的空间，使得整个项目成为一个全年龄段共享的社交平台。

丝带蜿蜒在三个圆形迷你广场周围，广场上摆放着不同类型的城市家具供人们休息。缎带代表了供孩子们及体验者的游玩和活动的区域，而圆形广场则代表了供父母和成年人休息和安静的区域（见图3-16）。

该设计中特别注重无障碍设计，确保所有儿童，包括有特殊需要的儿童，都能够平等地享受这些公共设施。无障碍通道、低矮的游戏设施和专门的辅助设备，都体现了设计对不同需求儿童的关怀。

图3-16 "金马仙踪" 儿童使用状态

　　从形状方面来看，该项目采用了鲜艳的色彩和独特的形状，如圆形、方形和三角形等，这些元素构成了一个充满活力的游乐场。场地还设置了许多座位区，供人们休息和社交。此外，场地还使用了一些现代的照明设备，如白色灯泡，为整个区域增添了明亮感（见图3-17）。

　　在色彩方面，该项目使用了多种颜色，包括蓝色、黄色、红色和橙色等，这些颜色与周围的树木和建筑形成了鲜明的对比。颜色鲜艳、质感丰富，符合儿童的视觉和触觉需求。色彩设计不仅增强了视觉吸引力，还通过颜色区分不同功能区域，帮助儿童和家长更好地识别和使用这些设施。

　　在质感方面，该项目采用了多样化的材料，如柔软的橡胶垫、光滑的塑料和天然木材，提供不同的触觉体验。

图 3-17　"金马仙踪"夜景图

第四章
儿童友好型公共设施设计的原则和方法

第一节　儿童友好型公共设施设计的原则

　　儿童友好型公共设施设计的原则是为了保障儿童在使用公共设施时的安全、便利、互动和可持续性。儿童友好型公共设施设计应遵循安全性、易用性、互动性、多功能性和可持续性原则，为儿童提供舒适、有趣、有益的成长环境。设计师需要站在儿童的角度思考，关注他们的需求和喜好，以实现真正意义上的儿童友好型公共设施。

一、安全性原则

　　儿童安全是设计儿童友好型公共设施的首要原则。设计师需要考虑设施的物理安全，如防滑、防跌、防撞等措施，确保儿童在使用过程中身体不会受到伤害。此外，设计师还需要关注设施的心理安全，如避免出现可能引起儿童恐惧或焦虑的元素，确保儿童在游玩中有足够的安全感和舒适度。设计师还需要考虑设施的物理安全和心理安全。下面将从物理安全和心理安全两个方面进行深入详细的阐述。

（一）物理安全

1.防滑措施

　　儿童友好型公共设施的防滑措施至关重要。设计师应选择具有良好防滑性能的材料，如橡胶、软质塑料等。同时，在地面和设施接触部位应设计有防滑图案或纹理，以增加摩擦力，防止儿童在使用过程中滑倒受伤。

2.防跌措施

　　设计师应确保儿童友好型公共设施周边有足够的安全区域，以防止儿童不慎跌落。对于高度较高的设施，应设置安全防护网或防护栏杆，保障儿童在玩耍时不会因跌落而受伤（见图4-1）。此外，设施之间的

图 4-1 小型儿童户外攀爬设施

布局也应注意保持一定的距离，避免儿童在奔跑中碰撞到其他设施。

3.防撞措施

儿童在玩耍过程中可能会发生碰撞，因此设计师应考虑设施的防撞性能。可选择具有缓冲作用的材料，如软质塑料、橡胶等，以降低碰撞对儿童的冲击。同时，设施的边角和凸起部分应进行圆角处理，避免尖锐部分对儿童造成伤害。

4.结构强度和稳定性

儿童友好型公共设施应具备足够的结构强度和稳定性，以承受儿童长时间使用和玩耍。设计师应选择耐用、高强度的材料，并确保设施的结构设计合理，能够承受各种力的作用。此外，设施的安装和固定也应符合相关标准，确保其在使用过程中不会出现松动或倒塌的情况。

5.电气安全

对于涉及电气设备的儿童友好型公共设施，设计师应确保电气系统的安全性。首先，应选择符合国家标准的电气设备和材料，并确保其防水、防潮性能。其次，电气线路应进行隐蔽敷设，避免儿童触电。最后，设计师还应在设施附近设置安全警示标志，提醒儿童和家长注意电气安全。

（二）心理安全

设计师应尽量避免在儿童友好型公共设施中使用可能引起儿童恐惧和焦虑的元素。避免采用过于逼真的动物造型，以免引发儿童的恐惧感；避免使用过于鲜艳、刺眼的颜色，以免刺激儿童的视觉，引发不适。

设计师应通过色彩、造型、灯光等设计手法，营造温馨、舒适的氛围，让儿童有足够的安全感和舒适度。可选择柔和、温暖的色调，如淡蓝、粉红等；设施的造型也应尽量简洁、可爱，符合儿童的审美喜好。

提供私密空间，儿童在玩耍过程中也需要一定的私密空间，以满足他们的独处需求。设计师可通过设置小型的帐篷、堡垒等设施，为儿童提供私密、安静的角落，让他们在玩耍中得到片刻的休息和放松（见图4-2）。

图 4-2　半封闭式商场休憩空间

营造良好的社会交往环境，设计师还应关注儿童在公共设施中的社会交往需求。通过设置互动性强、富有趣味性的设施，鼓励儿童之间的互动与合作，培养他们的社交能力。同时，家长也可以在陪伴儿童玩耍的过程中，与其他家长互动，增进彼此的交流和了解。

儿童友好型公共设施的物理安全和心理安全是设计师在设计过程中应重点关注的两个方面。只有做好这两方面的工作，才能为儿童提供一个安全、舒适的游玩环境，让他们在快乐中成长。

二、易用性原则

儿童友好型公共设施的易用性原则是指设计师在设计过程中要充分考虑儿童的生理和心理特征，使设施易于操作和使用。设计师需要充分考虑儿童的身体特征和认知能力，将操作流程简化，使儿童能够轻松上手。同时，设计师还应关注设施的维护和清洁，确保设施始终处于良好的使用状态。下面将从设施的操作方式、尺寸和布局、设施维护和清洁、使用引导和提示等方面进行深入详细的阐述。

（一）操作方式

简化操作流程，儿童友好型公共设施的操作流程应尽量简化，避免过于复杂的步骤。设计师应关注设施的功能和使用方法，通过直观的设计手法，使儿童能够轻松操作。对于娱乐设施，设计师可通过设置明确的操作指南或图案，引导儿童正确使用。

提供示范和指导，对于一些操作较为复杂的设施，设计师可提供示范和指导，帮助儿童掌握操作方法。在公共图书馆的儿童阅览区，可以设置图书阅读和借阅的示范流程，让儿童和家长了解如何进行图书的借阅和归还。

（二）尺寸和布局

符合儿童身体特征的尺寸，儿童友好型公共设施的尺寸应符合儿童的身体特征，以便于他们使用。设计师需要充分了解儿童的身高、体重、肢体长度等数据，确保设施的尺寸适合儿童的身体尺寸。娱乐设施的座椅、扶手等部位的高度和宽度，应根据儿童的平均身高和体重进行设计，以便于他们舒适地操作和使用（见图4-3）。

设计师应关注设施的布局，避免出现拥挤、狭窄的情况。合理的布局可以确保儿童在使用设施时有足够的活动空间，避免发生碰撞或拥挤现象。同时，合理的布局还可以提高设施的使用效率，让更多的儿童能够享受到公共设施带来的便利和乐趣。

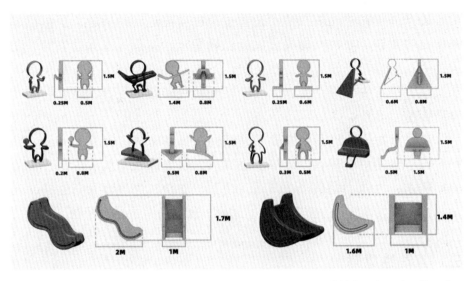

图 4-3　模块化儿童公共设施尺寸图

（三）设施维护和清洁

儿童友好型公共设施应易于维护，以便于保持设施的良好状态。设计师可选择易于清洁、抗磨损的材料，降低设施的维护成本。此外，设施的结构设计也应便于维修和更换，以便于在设施出现问题时能够及时进行修复。

要定期清洁和消毒，为了保障儿童在使用公共设施时的卫生安全，设计师应关注设施的清洁和消毒工作。公共设施应定期进行清洁和消毒，确保设施表面无尘、无细菌，让儿童在一个干净、卫生的环境中玩耍和学习。

（四）使用引导和提示

为了帮助儿童正确使用公共设施，设计师应提供明确的使用指南。使用指南可以通过图文并茂的方式呈现，简单明了地介绍设施的操作方法和注意事项。在娱乐设施旁边设置使用说明，指导儿童如何安全地操作设施，避免发生意外。

设计师应关注儿童在使用设施过程中可能遇到的问题，提供温馨的提示和建议。在图书馆设置阅读温馨提示，提醒儿童保持安静、爱护图书；在游乐场设置玩耍安全提示，提醒儿童注意安全，避免拥挤和碰撞，用可爱的造型元素和明朗温暖的色彩做指引牌，更容易被儿童所接受（见图4-4）。

设计师在设计过程中需要关注设施的操作方式、尺寸和布局、维护和清洁、使用引导和提示等多个方面，以确保设施能够满足儿童的使用需求，为他们提供一个舒适、便捷、安全的环境。只有这样，儿童才能在公共设施中享受到快乐的时光，获得有益的成长经验。

三、互动性原则

儿童友好型公共设施的互动性原则是指设计师在设计过程中要充分考虑儿童的生理和心理特征，使设施具有趣味性、参与性和互动性，激发儿童的兴趣和好奇心，促进他们的身体、智力、情感和社会等方面的全面发展。设计师可以通过设置各种互动元素，如按钮、滑梯、

图4-4　墙面指引设计

攀爬墙等，激发儿童的好奇心和参与欲望，让他们在游玩中享受互动的乐趣。同时，互动性设施还可以促进儿童之间的交流与合作，培养他们的社交能力。下面将从设施的设计手法、功能设置、空间组织等方面进行深入详细的阐述。

（一）设计手法

首先，要有创意造型和色彩搭配，儿童对色彩和形状具有较高的敏感度，因此设计师在设计儿童友好型公共设施时，应注重创意造型和色彩搭配。可以运用生动活泼的色彩和富有童趣的形状，激发儿童的兴趣和好奇心（见图 4-5）。在娱乐设施的设计中，可以采用鲜艳的色调和可爱的造型，吸引儿童的注意力。

其次，要融入互动性设计元素，让儿童在玩耍过程中能够参与其中，提高设施的趣味性和参与性。在娱乐设施中设置按钮、滑轨等可操作部件，让儿童通过触摸和操作，感受到设施带来的乐趣。

（二）功能设置

儿童友好型公共设施应具备多样化的功能，满足儿童在玩耍、学习和社交等方面的需求。设计师可以根据儿童的兴趣和爱好，设置不同类型的设施，如娱乐设施、学习设施、表演设施等。在公园中，设置滑梯、秋千、DIY 区域、劳作区域等多种娱乐设施，丰富儿童的玩耍体验（见图 4-6）。

设计师还应关注儿童在公共设施中的学习需求，将教育元素融入设施设计中。通过寓教于乐的方式，让儿童在玩耍过程中学到新知识，培养他们的认知能力和思维能力。在游乐场设置有关动植物、自然现象等科普知识的展示区，让儿童在玩耍中学习。

（三）空间组织

儿童友好型公共设施的空间组织应合理分区，为儿童提供多样化的活动空间。设计师可以根据设施的功能和类型，将空间划分为不同区域，如游戏区、学习区、休息区等。此外，还可设置不同主题的区

图 4-5　多功能儿童娱乐设施

图 4-6　公园嵌入式儿童友好型设施

域，如海洋主题、森林主题等，增加儿童的游玩兴趣。

儿童在玩耍过程中也需要一定的私密空间，以满足他们的独处需求。设计师可通过设置小型的帐篷、堡垒等设施，为儿童提供私密、安静的角落，让他们在玩耍中得到片刻的休息和放松。

设计师在设计过程中需要关注设施的设计手法、功能设置、空间组织、安全性等方面，以提高设施的趣味性、参与性和互动性，为儿童提供一个充满乐趣、富有挑战、有益成长的环境。只有这样，儿童才能在公共设施中度过一个愉快的时光，实现全面发展。

四、可持续性原则

儿童友好型公共设施的可持续性原则是指设计师在设计过程中要充分考虑设施的长期使用和维护，确保设施在环境、经济、社会等方面的可持续性。儿童友好型公共设施应考虑到长期使用的需求，具备一定的可持续性。设计师可以选择环保、耐用的材料，确保设施在长时间使用中仍然保持良好的性能。此外，设计师还可以通过创新设计，使设施具有一定的灵活性和可扩展性，以便在未来根据儿童需求进行调整和升级。下面将从设施的设计理念、材料选择、能源利用、空间组织等方面进行深入详细的阐述。

（一）设计理念

绿色设计是一种以环保、节能、减排为目标的设计理念。在儿童友好型公共设施的设计中，设计师应注重绿色设计，通过选用环保材料、优化设施结构、提高设施能效等方式，降低设施对环境的影响。在游乐场的设计中，可选用太阳能发电的娱乐设施，减少能源消耗。

人本设计是一种关注使用者需求和体验的设计理念。在儿童友好型公共设施的设计中，设计师应关注儿童的实际需求，以提高设施的实用性和舒适度。在公园的长椅设计中，可采用人体工学原理，提高座椅的舒适性和支撑性。

（二）材料选择

在儿童友好型公共设施的材料选择中，设计师应优先考虑环保材料，如可回收材料、可降解材料等（见图4-7）。这些材料不仅能降低设施对环境的影响，还能减少设施的维护成本。在游乐场的地面铺设中，可选用环保的橡胶地垫，降低地面硬度，保护儿童安全。

设计师还应关注材料的耐用性，选择具有较长使用寿命的材料。这样可以降低设施的更换频率，减少资源浪费。在公园的设施中，可选用防腐木材、不锈钢等耐用材料，确保设施在户外环境下能够长期使用。

（三）能源利用

在儿童友好型公共设施的设计中，设计师应关注能源利用问题，通过节能设计降低设施的能源消耗。在游乐场的照明设计中，可选用节能灯具，降低能耗；在公园的灌溉系统中，采用节水灌溉技术，减少水资源浪费。

设计师还应考虑可再生能源的利用，通过太阳能、风能等可再生能源为设施提供能源。在公园的休息区设置太阳能充电桩，为游客提供便捷的充电服务；在游乐场设置风力发电装置，为娱乐设施提供能源。

（四）空间组织

儿童友好型公共设施的空间组织应注重紧凑布局，提高土地利用率。设计师可通过合理的布局方式，让设施占地面积更小，减少对土地资源的占用。在公园的设计中，可采用紧凑型设施布局，提高公园的容纳能力。

设计师还应关注绿色空间的设置，增加绿化面积，提高空气质量。在公园的设计中，可设置草坪、花坛、树林等绿化空间，为儿童提供舒适的活动环境；在游乐场周边设置绿化带，降低噪声污染。

在设计过程中需要关注设施的设计理念、材料选择、能源利用、空间组织等方面，以实现设施在环境、经济、社会等方面的可持续性。

图 4-7 废弃轮胎组成的攀爬设施

第二节　儿童友好型公共设施设计的方法

儿童友好型公共设施设计的方法是一个综合性、多层次的过程，需要广泛吸纳各方面的意见和建议，确保设计既符合儿童的需求，又能够提供安全、舒适、便捷的使用体验。通过使用者参与设计、调查研究、数据分析和服务设计等多种方法的综合运用，我们可以确保最终设计是科学合理、贴近实际需求的儿童友好型公共设施。

一、使用者参与设计方法

（一）儿童参与设计

儿童参与设计是一种将儿童的需求和想法融入设计过程中的方法。设计师可以通过组织儿童设计工作坊、儿童绘画比赛等方式，邀请儿童参与到设施的设计中来。这样可以使设计师更直接地了解儿童的需求，设计出更符合儿童使用习惯的公共设施。儿童参与设计是一种重要的设计方法，尤其在儿童友好型公共设施的设计中，更是不可或缺的一环。儿童参与规划设计不仅可以提高设计的质量，还能使设施更符合儿童的实际需求。张谊提出了儿童参与规划的梯子模型（见图4-8）。

首先，儿童参与设计可以帮助设计师更好地理解儿童的需求。儿童的生理和心理特点与成人有很大的差异，因此，他们对公共设施的需求也与成人有所不同。他们对设施的高度、颜色、形状等都有自己的偏好。而这些需求和偏好，往往无法通过简单的观察和访谈来完全了解。因此，儿童参与设计就变得尤为重要。通过儿童参与设计，设计师可以直接了解到儿童的需求，从而设计出更符合儿童实际需求的设施。

其次，儿童参与设计可以提高设施的趣味性和吸引力。儿童天生好动、好奇，他们喜欢有趣、新奇、富有挑战性的事物。因此，在设计公共设施时，应充分考虑到这些因素。通过儿童参与设计，设计师

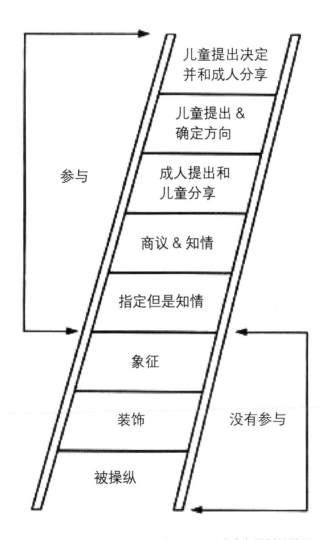

图 4-8　儿童参与规划的梯子

可以了解到儿童的喜好，设计出有趣、富有挑战性的设施，从而提高设施的趣味性和吸引力。

然而，儿童参与设计并非易事。由于儿童的生理和心理特点，他们在表达自己的需求和想法时，可能存在一些困难。他们可能无法准确地描述出自己的需求，或者他们的想法可能随时发生变化。因此，设计师需要有一些特殊的技巧和方法，才能有效地进行儿童参与设计。设计师可以通过组织儿童设计工作坊、儿童绘画比赛等方式，邀请儿童参与到设施的设计中来。在组织这些活动时，设计师需要特别注意，要尽量让儿童自由地表达自己的想法，不要给予过多的限制。同时，设计师还应该耐心地倾听儿童的意见，尽量理解他们的想法。

（二）家长、教师、专家等其他使用者参与设计

家长、教师、专家等其他使用者的意见和建议对设施的设计也具有重要意义。设计师可以通过座谈会、问卷调查等方式，了解他们的需求和意见，以提高设施的设计质量。在儿童友好型公共设施的设计过程中，家长、教师和专家等其他使用者的参与是至关重要的。他们的意见和建议可以为设计师提供宝贵的信息，有助于设计出更符合儿童需求的公共设施。以下是关于家长、教师和专家等其他使用者参与设计的详细阐述。

首先，家长作为儿童的监护人和陪伴者，对儿童的需求有着深入的了解。家长可以提供儿童在日常生活中的各种需求和喜好，以及他们在使用公共设施时可能遇到的问题。这些信息对于设计师而言是极为宝贵的，因为设计师可以根据这些信息来调整设施的设计，使之更符合儿童的实际需求。

其次，教师作为儿童学习和生活的重要引导者，对儿童的行为特点和心理需求有着专业的认识。教师可以向设计师提供有关儿童在学校和社区活动中的需求和问题，以及如何通过公共设施来满足这些需求。此外，教师还可以提供关于儿童安全、教育和社交等方面的建议，以帮助设计师更好地满足儿童的综合需求。

最后，专家作为在儿童发展和公共设施设计领域具有丰富经验的

人士，他们的专业知识和见解对于设计师而言具有很高的参考价值。专家可以就设施的设计原则、功能布局、材料选择等方面提出专业意见。同时，专家还可以为设计师提供关于儿童心理、生理和行为特点的最新研究成果，帮助设计师更好地了解儿童的需求。

在邀请家长、教师和专家等其他使用者参与设计时，设计师需要采取有效的沟通和协作方式。设计师可以组织座谈会、研讨会或工作坊等形式，与家长、教师和专家进行深入交流。设计师还应该积极倾听他们的意见和建议，并在设计过程中充分考虑这些意见和建议。同时，设计师还可以通过问卷调查、实地考察等方式，收集家长、教师和专家等其他使用者的意见。这些方式可以帮助设计师更全面地了解儿童在公共设施使用过程中的需求和问题。设计师可以根据这些信息，对设施的设计进行调整和优化。

家长、教师和专家等其他使用者在儿童友好型公共设施的设计过程中扮演着举足轻重的角色。他们的参与可以帮助设计师更好地了解儿童的需求，设计出更符合儿童实际需求的设施。因此，设计师应充分重视家长、教师和专家等其他使用者的参与，积极与他们沟通和协作，以提高设施的设计质量。

二、调查研究方法

（一）儿童需求调查

儿童需求调查是通过访谈、问卷调查等方式，了解儿童的需求和喜好，为设施设计提供依据。设计师可以根据调查结果，设计出更符合儿童需求的公共设施。儿童需求调查是调查研究方法在儿童领域的具体应用，主要目的是了解儿童的需求、喜好和行为特点，为相关政策制定、产品设计、服务优化等提供依据。儿童需求调查涉及多种方法和技巧，以下是关于儿童需求调查的详细阐述。

访谈是儿童需求调查中常用的一种方法。通过与儿童进行面对面的交谈，调查者可以了解儿童的真实想法和需求。访谈可分为个别访谈和群体访谈。个别访谈适用于深入了解某个儿童在某一问题上的具体想法和需求，而群体访谈则有助于了解儿童之间的共性需求和差异。在访谈过程中，调查者要耐心、亲切地与儿童交流，尽量让儿童自由地表达自己的意见。同时，调查者还应注意观察儿童的行为和情绪，以便更准确地把握儿童的需求。

问卷调查是儿童需求调查另一种常用的方法。通过设计针对性强的问卷，调查者可以收集到大量关于儿童需求和喜好的数据。问卷调查具有操作简便、成本低、覆盖面广等优点。然而，问卷调查也存在一定的局限性，如可能受到家长或教师的影响、儿童理解能力有限等。因此，在进行问卷调查时，调查者需要设计简单明了、易于理解的问题，并尽量确保问卷的回收率和有效性。

观察法也是儿童需求调查中重要的手段。通过观察儿童在日常生活、学习和娱乐中的行为，调查者可以了解儿童的兴趣爱好、交往特点、情绪变化等方面的信息。观察法可分为自然观察和实验观察。自然观察要求调查者在不干扰儿童正常活动的情况下进行观察，以获取真实的信息；实验观察则通过对儿童进行有目的的实验活动，来观察儿童的行为和反应。在观察过程中，调查者需要保持客观、敏锐的观察能力，并及时记录和分析观察到的信息。

儿童参与式调查也是了解儿童需求的重要途径。通过组织儿童参与式的活动，如绘画、故事创作、角色扮演等，儿童可以在活动中表达自己的需求和想法。调查者可以借助这些活动，深入了解儿童的内心世界和潜在需求。同时，儿童参与式调查也有助于提高儿童的参与意识和自主能力。

在儿童需求调查过程中，调查者还需要注意以下几个方面。

（1）确保调查对象的代表性。调查者应尽量选择具有代表性的儿童作为调查对象，以便更好地反映整个儿童群体的需求。

（2）注重保护儿童隐私和权益。调查者应严格遵守相关法律法规，确保儿童在调查过程中的隐私和权益得到充分保障。

（3）注重调查结果的分析和应用。调查者应对收集到的数据进行深入分析，并根据分析结果提出有针对性的建议和措施，以满足儿童的实际需求。

儿童需求调查是了解儿童需求、优化儿童服务和产品的重要手段。调查者应运用多种方法，全面、深入地了解儿童的需求，为提高儿童生活质量和福祉做出贡献。

（二）儿童友好型公共设施调查

儿童友好型公共设施调查是通过实地考察、问卷调查等方式，了解现有儿童友好型公共设施的使用情况，找出存在的问题，为设施设计提供改进方向。儿童友好型公共设施调查是调查研究方法在儿童公共设施领域的具体应用。其目的是了解现有公共设施在满足儿童需求、提供儿童友好空间方面的表现，为设施的优化和改进提供依据。儿童友好型公共设施调查涉及多种方法和技巧。

三、数据分析方法

（一）统计分析方法

统计分析方法是通过对调查数据进行统计分析，找出数据的规律和趋势，为设施设计提供依据。统计分析方法是数据分析中的重要组成部分，它通过对数据进行收集、整理、描述和解释，来揭示数据背后的规律和趋势。统计分析方法在各个领域都有广泛的应用，如市场调查、医学研究、社会科学、金融分析等。本书将详细阐述统计分析方法在调查研究中的应用。

调查研究中的数据收集是统计分析的基础。数据收集的方法主要有问卷调查、访谈、观察、实验等。其中，问卷调查是最常见的一种数据收集方法。问卷调查需要设计合适的问题，以便收集到有效和可靠的数据。问题可以根据研究目的和问题类型进行分类，如封闭式问题和开放式问题。在设计问题时，应注意问题的清晰明了，避免双重否定，确保问题顺序合理等。此外，还需要对问卷进行预调查，以检验问卷的可靠性和有效性。

数据整理是统计分析的重要步骤。数据整理主要包括数据清洗、数据转换和数据汇总。数据清洗是指对数据中的错误、缺失、重复等进行处理，以提高数据的质量。数据转换是指将数据转换为适合统计分析的格式，如将分类变量转换为数值变量。数据汇总是指对数据进行分类、分组、排序等操作，以便进行统计分析。

数据描述是统计分析的重要环节。数据描述主要包括描述性统计和推断性统计。描述性统计是对数据进行概括和描述，如计算均值、中位数、方差等。推断性统计是通过样本数据来推断总体特征，如假设检验、置信区间等。在数据描述时，应注意选择合适的统计量、合理地解释统计结果、注意数据的可视化等。数据描述可以帮助我们了解数据的基本情况，为后续的统计分析提供参考。

在统计分析中，还应注意研究设计的问题。研究设计是指对研究问题的定义、研究目的的明确、研究方法的选择等进行规划。研究设计可以分为实验研究、观察研究、调查研究等。不同的研究设计适用于不同的研究问题，如实验研究适用于探究因果关系，观察研究适用于了解现象的发生和发展等。在研究设计中，应注意研究的可行性、有效性和可靠性等。统计分析方法在调查研究中的应用还包括模型建立和预测。模型建立是指利用统计分析方法，如回归分析、聚类分析、因子分析等，来建立变量之间的关系模型。模型建立可以帮助我们理解数据之间的联系，为预测和决策提供依据。预测是指利用建立的模型，对未来的数据进行预测和决策。预测可以应用于市场预测、风险评估、政策制定等领域。在预测时，应注意模型的稳定性、准确性和可解释性等。

统计分析方法在调查研究中的应用非常广泛。通过数据收集、数据整理、数据描述、研究设计、模型建立和预测等步骤，我们可以更好地了解数据背后的规律和趋势，为决策和预测提供支持。在实际应用中，我们还需要根据具体的研究问题和数据特点，选择合适的统计分析方法和工具，以提高统计分析的有效性和可靠性。

（二）图形分析方法

图形分析方法是通过对图形数据进行分析，了解设施的视觉效果，为设施设计提供依据。图形分析方法是数据分析中的一个重要组成部分，它主要关注利用图形和图像来展示数据，揭示数据背后的规律和趋势。图形分析方法在众多领域都有应用，如自然科学、社会科学、金融分析等。本书将详细阐述图形分析方法在儿童公共设施设计领域的应用。

图形分析方法的主要工具是图形设计和可视化工具。通过这些工具，我们可以方便地将儿童公共设施设计的数据转换为图形和图像，从而更好地观察和理解数据。

图形分析方法主要包括数据可视化、图形优化和图形交互等技术。数据可视化是指将儿童公共设施设计的数据以图形和图像的形式展示出来，以便观察和分析数据的特征和规律。常用的数据可视化方法包括柱状图、折线图、散点图、饼图等。图形优化是指对图形进行美化和优化，以提高图形的可视化效果。常用的图形优化方法包括颜色映射、图形布局、图形缩放等。图形交互是指通过交互式图形界面来操作和分析儿童公共设施设计的数据，以便更灵活地探索和挖掘数据。

图形分析方法在儿童公共设施设计中的应用主要包括数据探索、数据解释和数据展示等。数据探索是指通过图形分析方法来探索儿童公共设施设计的基本特征、数据分布、数据关系等。通过绘制直方图，我们可以了解儿童公共设施设计的使用频率分布情况。通过绘制散点图，我们可以分析不同年龄段儿童对公共设施的使用情况。数据解释是指通过图形分析方法来解释和说明儿童公共设施设计背后的规律和趋势。通过绘制折线图，我们可以展示儿童公共设施设计随时间的发展变化趋势，通过绘制柱状图，我们可以比较不同类型儿童公共设施设计的使用情况。数据展示是指通过图形分析方法来展示儿童公共设施设计的可视化结果，以便向他人传达数据的信息和意义。我们通过制作数据报告、发布数据可视化网页等形式来展示儿童公共设施设计的分析结果。

图形分析方法在儿童公共设施设计过程中还需要注意一些问题。在数据可视化过程中，我们需要选择合适的图形类型、图形布局和颜色映射等，以提高可视化效果。在图形交互过程中，我们需要设计符合用户习惯的交互方式，以便提高用户体验。在数据展示过程中，我们需要关注数据的安全性和隐私保护问题，以避免数据泄露和滥用。图形分析方法是儿童公共设施设计领域的一个重要组成部分，它为我们提供了处理、分析和可视化儿童公共设施设计数据的图形和图像工具。

通过图形分析方法，我们可以更好地了解儿童公共设施设计的特征和规律，为优化和改进设计提供支持。在实际应用中，还需要根据具体的研究问题和数据特点，选择合适的图形分析方法和工具，以提高图形分析的有效性和可靠性。

四、服务设计方法

服务设计方法是通过对设施的使用流程、服务内容等进行设计，提高设施的实用性和舒适度。设计师可以根据儿童友好型公共设施的特点，设计出易于使用、功能齐全的设施。

在儿童友好型公共设施设计中，服务设计方法起着至关重要的作用。服务设计旨在通过系统性、创新性的方法，优化儿童在使用公共设施过程中的体验，提高设施的安全性、便捷性和趣味性。

了解儿童的需求、习惯和喜好，为设计提供实证依据。通过访谈、观察、问卷调查等方法，收集儿童和家长的意见和建议。在设计过程中，充分考虑儿童的不同年龄、身高、行为特点和心理需求。

通过绘制故事地图，展现儿童在使用公共设施过程中的需求和遇到的问题，这有助于设计师更好地理解儿童的需求，从而有针对性地进行设计改进。基于用户调研和故事地图，设计师可以制作一系列原型，以展示可能的解决方案。原型设计可以帮助设计师快速测试和改进设计方案，确保最终产品符合儿童的需求。

鼓励儿童参与设计过程，让他们提出自己的建议和意见。通过儿童参与，我们可以更好地确保设计方案符合他们的需求和期望，提高设计对儿童的友好程度。

在设计过程中，通过模拟不同场景下的使用情况，检验设计方案的实用性和可行性，这有助于发现潜在的问题，并进行及时调整。在设计完成后，对儿童友好型公共设施进行评估，了解其实际使用效果，以便持续优化设计。评估方法包括实地观察、用户反馈、数据分析等。

　　运用色彩、图形、纹理等视觉元素，创造出富有吸引力和趣味性的儿童友好型公共设施。同时，注意保持设计的简洁性和辨识度，确保儿童的安全。

　　在设计过程中，充分考虑公共设施的可持续性，确保其长期保持儿童友好的特点。这包括选用环保材料、设计易于维护的结构、预留充足的成长空间等。

第五章

儿童友好型公共设施设计的实践案例

第一节 儿童友好型公园快闪设施设计

快闪项目，也被称为"战略性城市化"，"城市化DIY"或者"更好的街区"，典型的快闪项目会让社区成员参与其中，让大家关注之前被忽视的城市空间。"快闪项目"可以迅速落地，项目使用更轻、更便宜也更易获得的材料，在短期内实现城市设计干预，改善城市空间。本课题组成员为王梓菁、林思莹、陈静姝。

一、快闪项目设计调研

（一）快闪项目基本定义

项目介绍儿童快闪项目的定义、最常见的快闪实验类型以及如何做一场快闪展示。强调其通过临时性措施对城市空间进行创新和优化的特点。快闪项目可以由政府、企业、组织或个人发起，其目标是在短时间内利用轻量化、低成本材料，实现城市设计的快速干预，从而优化城市空间。

实施快闪项目的步骤，包括制订计划、确定方法及预算、选址（考虑交通减速、路网连通性、公共空间等因素）、设置互动活动（如餐饮、游戏、公共艺术等），以及如何通过这些活动触发长期的积极影响（见图5-1）。

（二）设计原则和设计特点

在设计原则和设计特点关系方面，首先、强调了设计的基本原则，如规模小且组织方式灵活、施工和维护费用较低、能激活城市空间、材料应环保且符合标准等。其次，列出了设计的特点，包括安全性、多样性、新颖性，以及设计作品可以被任何事物所体现（见图5-2）。

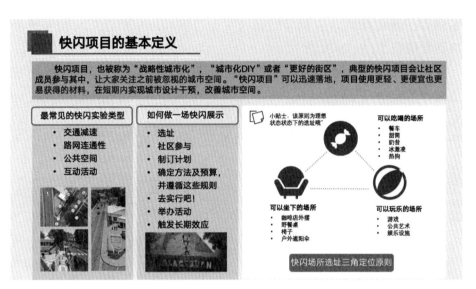

图 5-1　快闪项目的基本定义

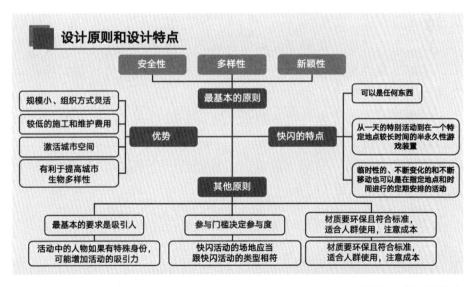

图 5-2　设计原则和设计特点

在"优势"部分，提到了快闪活动的特点，如从一天的特别活动到较长时间的半永久性游戏装置，都能有效提升城市的活力。同时，也强调了其他原则，如参与门槛决定参与度和适中的人数转换可能增加活动的吸引力。

内容涵盖了设计的基本原则、特点和优势，旨在帮助设计师更好地理解如何在保证成本和环境可持续性的前提下，通过多样化的设计来吸引公众参与，提升城市空间的活力。

（三）人、机、环境分析

人、机、环境分析旨在探讨儿童在城市中的生活体验，分为三大部分进行分析。

（1）社会环境。强调了社区公园和非正式场所的减少，这可能限制了儿童与自然及同龄人的互动机会。同时，交通拥堵和"陌生人危险"的问题也被提及，它们可能影响到儿童的安全感和户外活动的意愿。

（2）机械环境。重点关注了儿童对电子游戏的依赖和学业成绩压力的问题。这些问题可能导致儿童过度沉浸在虚拟世界中，减少了参与户外活动和社交的机会。

（3）个人环境。提到了父母陪伴时间不足的问题，这可能是由于工作繁忙或其他原因造成的。这种情况可能对儿童的情感健康和社会发展产生负面影响。

呼吁通过改善社会环境来解决儿童面临的挑战，并促进他们的全面发展。通过调整社会环境、减轻儿童对电子游戏的依赖和学业压力，以及增加父母的陪伴时间，可以为儿童创造一个更加友好、健康和有益的成长环境（见图5-3）。

（四）问卷与访谈

问卷主要探讨了儿童在家和在公园里的游戏偏好，以及他们是否喜欢与同龄人、父母一起游戏，突出了儿童对游戏活动的多样化需求，以及他们在不同环境中与不同玩伴一起游戏的偏好。这些信息对于设计和规划更加儿童友好的家庭环境和公共空间至关重要（见图5-4）。

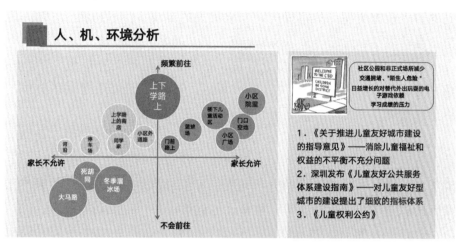

图 5-3　快闪项目人、机、环境分析

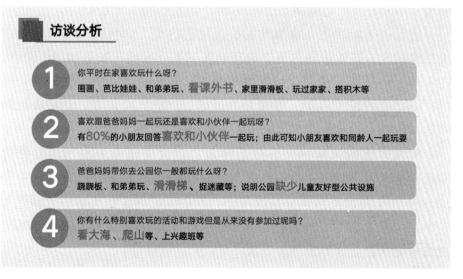

图 5-4　访谈分析

　　评估和分析公园设施的使用情况，特别是针对有小孩的家庭。通过视觉方式，我们展示了多个方面的调查结果，包括孩子们在公园中偏好的游乐设施类型（如滑梯类、与水相关的游戏、沙子和泥土、骑车轮滑、电动的游乐设施等）以及家长对公园空间利用的看法（见图 5-5）。

　　图表中不同元素（如健身器材、亭子、道路等）被标记为不同颜色并用不同形状表示，以便比较和理解。同时，图表还提供了具体的百分比数据，显示了各类游乐设施和公园空间的使用情况。

　　除了对设施的使用情况进行调查外，问卷还询问了家长关于公园哪些部分空间没有得到充分利用的看法，以及孩子们在公园中最喜欢的活动类型。通过对这些数据的分析，我们可以看出儿童在公园中更倾向于滑梯类和电动的游乐设施等，能够让他们活动并产生互动的设施。

　　此外，从家长的反馈中也可以看出，目前公园的很多空间并没有得到有效的利用，比如空闲面积很大、缺少绿化和座椅不够等。这些信息对于公园的后续设计和管理具有重要的参考价值，可以帮助公园管理方更好地满足游客的需求，提高公园的利用率和满意度。

　　关于公园设计意见的调查问卷分析主要针对公园工作人员，以了解他们对于公园内儿童游憩空间设计的看法（见图 5-6）。

　　问题主要集中在儿童喜欢的公园活动区域、如何改进公园设计以更好地满足儿童需求等方面。选项涵盖了多个方面，如增加绿地面积、在草地上增设游乐设施、按儿童年龄进行功能分区、提高设施安全质量、丰富游戏设施种类、增加公共设施如遮荫挡雨设施、厕所和垃圾箱等。

　　从投票比例来看，大部分工作人员认为应该考虑利用草地空间增设游乐设施（25%），并希望公园能够提供更丰富的游戏设施种类（25%）和更齐全的附属公共设施（37.5%）。同时，也有相当一部分人认为应该按儿童的年龄进行功能分区（37.5%），以提高儿童游憩的安全性和趣味性。

　　此外，还对调查结果进行了简要分析，指出儿童一般喜欢在公园的湖边、草地与游乐设施附近玩耍，因此后续设计应考虑儿童的安全问题，并同时确保设施的多样化和趣味性。这些信息对于公园管理者

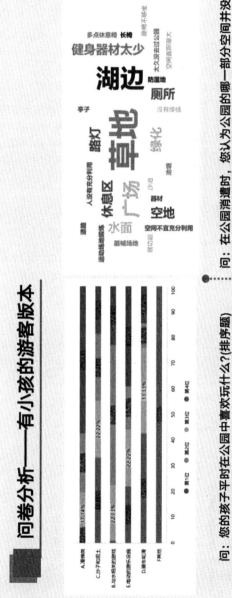

问：您的孩子平时在公园中喜欢玩什么？(排序题)

分析：儿童在公园中，更倾向于滑梯类与电动的游乐设施等，能让孩子活动，并产生互动的设施。

问：在公园消遣时，您认为公园的哪一部分空间并没有得到充分利用呢？大致形容即可

分析：由回答可以看出，目前公园的很多空间并没有得到有效的利用，在后续设计中可以进行考虑。

图 5-5　问卷分析——有小孩的游客版本

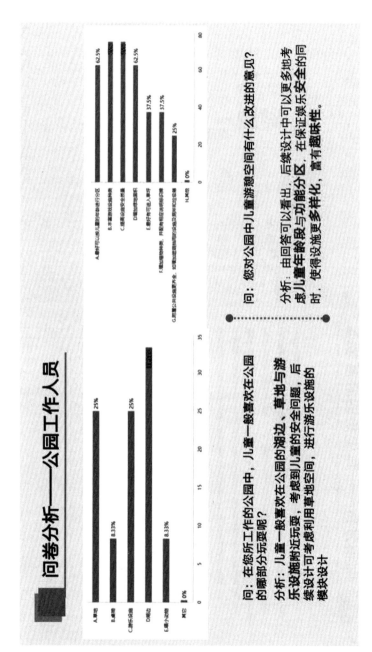

图5-6 问卷分析——公园工作人员

和设计人员来说，具有重要的参考价值，有助于他们更好地规划和设计公园，以便更好地满足儿童和公众的需求。

二、流程图与利益相关者分析

流程图展示了从出行前准备到游玩结束的全过程，并强调了多个"机会点"，提醒在公园设计和管理中应注意的方面，以便更好地满足游客的需求和期望（见图 5-7 ）。

利益相关者地图展示了与儿童公园相关的各个组织和个人，以及他们之间的关系和互动，包括政府、学校、家长、设计师、游乐园等都与儿童公园有密切的关系。政府可能是政策的制定者和资金的提供者；学校和家长是儿童游乐设施的主要使用者；设计师则是设施的设计者和建设者；而游乐园则可能提供其他娱乐活动供儿童选择。这些组织和个人相互影响，共同塑造了儿童公园的形象和功能。通过绘制利益相关者地图，我们可以更好地理解儿童公园的利益相关者及其重要性，为未来的设计和运营提供启示（见图 5-8 ）。

三、设计表现

（一）设计草图

根据以上调研和分析进行草图方案的绘制，方案一展示了一个综合性的公园或公共空间的设计草图集，强调了多种功能和活动区域的规划。包含了滑梯、摇篮、攀爬和休息等娱乐设施，以及草地和迷宫主题游戏等，这些都是为了满足不同年龄段和兴趣爱好的儿童需求。此外，还提到了宠物领养会、旧物品捐赠、图书日和展览等主题活动，这些不仅丰富了公园的活动内容，也增加了其社区互动性和文化气息（见图 5-9 ）。

草图方案中还特别提到了坐 / 休息、置物、背面滑梯等设计概念，这些都是为了增加公园的舒适性和便利性。同时，设计也考虑到了适应各种高度和大小的需求，以确保每个人都能在这里找到适合自己的活动和空间。

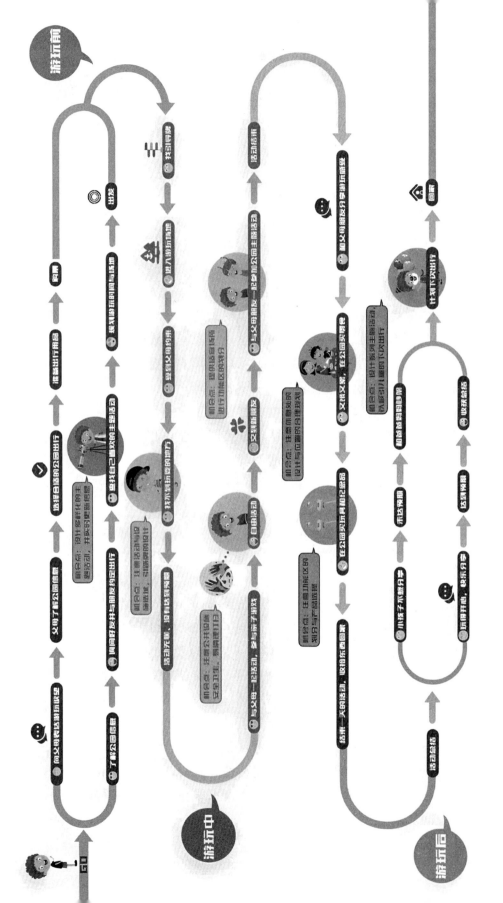

图 5-7　流程图

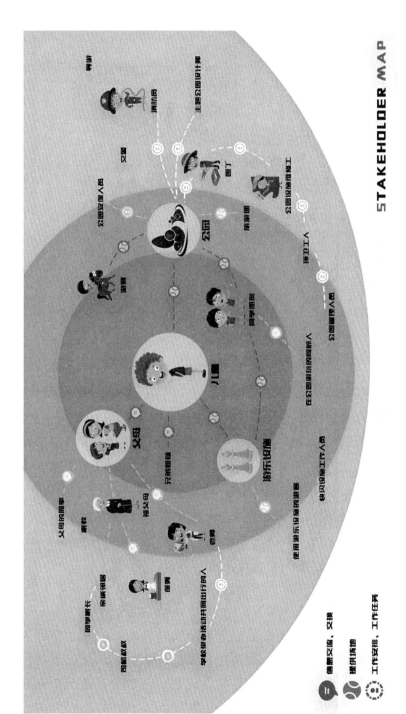

图 5-8　利益相关者地图

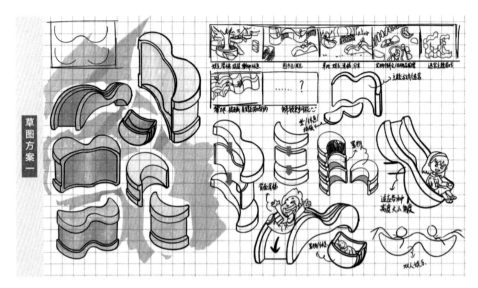

图 5-9　草图方案一

　　方案二预期用于多样化的场合，如主题展览、发布会、活动、游戏以及儿童集市等。图中还显示了这些模块化的设施可以根据需要进行多种组合，以适应不同的空间和使用需求（见图 5-10）。

　　为了优化活动体验，还提出了"人流分散"的概念，暗示了这些模块化设施在布置时会考虑到人员的流动性和活动区域的分散性，以确保活动的顺畅进行。此外，还特别提到了"划分区域"的设计思路，如设置读书分享会和物品分享会等专区，旨在将活动区域功能化，方便参与者的参与和互动。同时，这些设计可用于展览或展示的目的，进一步强调了其多样化和创新性的设计思路。

（二）方案概述

　　这是一个以儿童为中心的游乐设施设计概念。描绘了多种色彩鲜艳、形状独特的游乐设施，如滑梯、攀爬架和秋千，并配以各种吸引儿童的图案和装饰，如笑脸和星星。这些设施旨在营造一个充满乐趣和探索的环境，鼓励儿童进行户外活动。

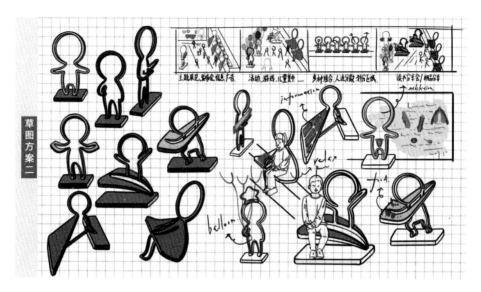

图 5-10　草图方案二

通过简化和形象化的元素来创建一个让儿童感到快乐和自由的空间。设施在使用时会采用快闪的形式，以展现儿童无处不在的自由和快乐，形成他们生活中的"快乐星球"。整个设计旨在给儿童带来一个独特、有趣的户外体验（见图 5-11）。

接下来展示一个具有多种功能和用途的产品设计方案。包括体感区域、读书分享会、物品分享会等活动方式。随后进入"使用形式"环节，该产品可以根据不同的活动需求进行灵活配置和使用（见图 5-12）。

基础模块完善部分明确指出了产品的主要功能和应用场景，包括儿童就坐场、旧物复新以及举办活动等，特别是针对儿童集市等活动的展开（见图 5-13）。

具体使用方式，如指示牌、主题展览、信息发布会、儿童跳蚤市场等。这些使用形式既包括为活动提供指引和信息展示的功能，也涵盖了商业活动如旧物贩卖、广告张贴等。

图 5-11　方案概述

图 5-12　方案完善 1——基础模块

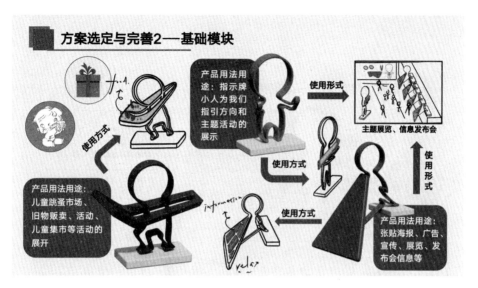

图 5-13　方案完善 2——基础模块

为开展一系列文化宣传、科学教育活动、分享会、重要节日活动的一系列展开。这部分详细描述了该基础模块将如何被用于多种活动和场合，包括文化宣传、科学教育、分享会和重要节日活动（见图 5-14）。

"多种组合、人流分散、划分区域、统一展示"，进一步强调了实施活动时的策略和方法，包括如何通过不同的组合和展示方式来优化活动效果，以及如何有效地分散人流和划分活动区域。

设施具有多种用途和娱乐方式，产品可以用于组装、图书日、展览、宠物领养、旧物捐赠、分享等多种场合。在娱乐方面，产品提供了滑梯、摇篮、攀爬、迷宫主题活动、自发性游戏行为以及节日主题活动等丰富的娱乐方式（见图 5-15）。这些娱乐方式旨在适应不同的高度、大小和角度，满足各种使用需求。

产品的多种娱乐方式和用途，包括迷宫、攀爬主题活动、自发性游戏行为以及节日主题活动等，这些活动旨在满足不同年龄段儿童的需求，提供丰富多样的游戏体验。此外，儿童可以根据需要进行组合和拆卸，进一步增加了产品的灵活性和实用性（见图 5-16）。

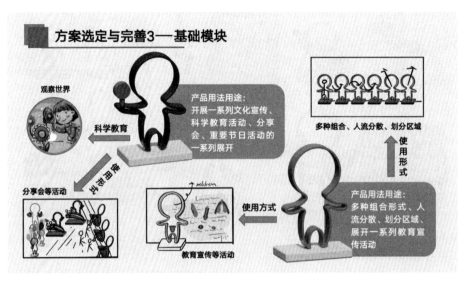

图 5-14　方案完善 3——基础模块

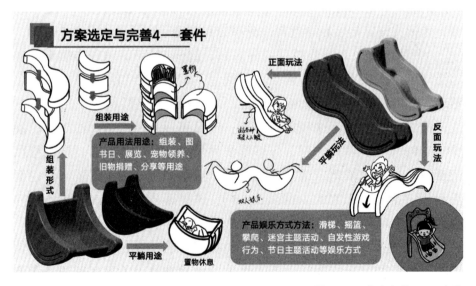

图 5-15　方案完善 4——套件

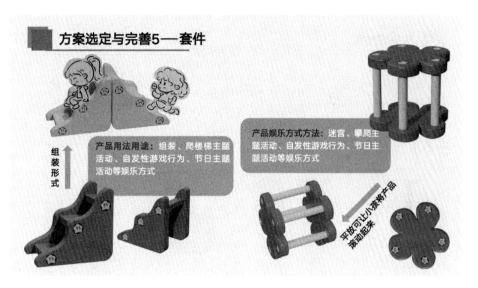

图 5-16　方案完善 5——套件

（三）设计尺寸图及效果图

模块的具体尺寸（见图 5-17）以及其组装、运输、收纳和拆解的各个环节进行了详细的展示（见图 5-18）。这些部件通过连接件精确地连接在一起，形成了一个复杂的结构的组件。

每个部件都有其特定的功能，这些多样化的部件和连接方式为整个装置提供了高度的灵活性和可定制性（见图 5-19 至图 5-21）。

产品服务系统部分展示了多个服务场景和元素，快闪模块可以根据不同的场景进行组合从而来达到不同的使用目的（见图 5-22）。

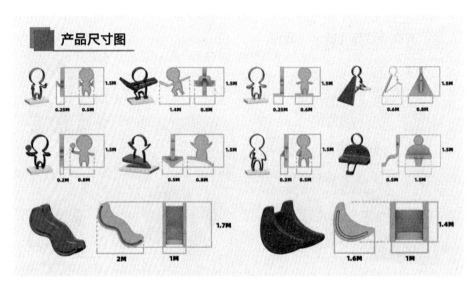

图 5-17　产品尺寸图

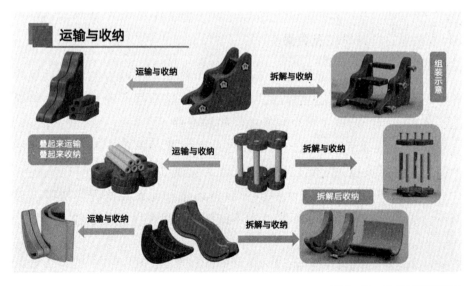

图 5-18　产品使用流程图

图 5-19 产品效果图

图 5-20 方案应用 1——儿童乐园

图 5-21　方案应用 2——图书分享会

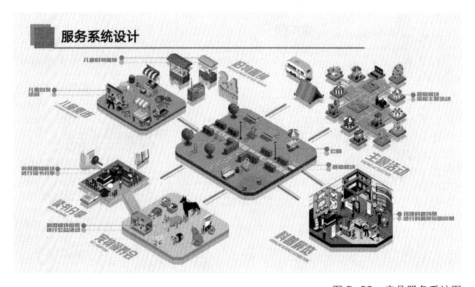

图 5-22　产品服务系统图

第二节 儿童社区公共文化服务设施设计

从儿童友好的角度探究社区的公共文化服务的普及，对社区儿童公共文化服务设计体系进行设计，旨在进一步提升城市在服务设计中儿童的参与度与服务水平。

社区作为儿童活动最基本的单元，儿童享受的权益因经济发展、建设时间等因素的不同而不一样。同一城市中生存于老旧小区的儿童远不及新型小区儿童享受权益高。而不同年龄段的儿童也有着不同的特点，通过模块化的设计依据不同社区地形及需求进行适配。其主要倡导幼小儿童的融入，让儿童有更直接、更好的体验感、参与感与归属感，培育良好的社区文化氛围。同时，对于经济发达城市来说社区公共文化服务的提升可以提高城市舒适度，非经济发达城市则可以提高文化软实力，使得儿童得到更多的学习机会。从儿童视角出发，指出儿童文化服务的优化对城市发展的重要性。使得儿童尽可能享有平等、完善的公共文化服务体系。

在文化需求不断提升的时代背景下，城市书房、社区图书馆、休闲型的小型书吧发展速度迅猛。从我国第十八次、十九次全国国民阅读调查可以看出公共阅读服务设施中社区图书服务的知晓率、使用率均有所提升，满意度处于基本持平状态，仅提高了 0.03%。尽管服务设施的使用率等得到了提高，但从分布来看其仍然存在着分布不均，覆盖面积小的现象，主要建设于东部地区。甚至有些城市仍然很难见到社区图书馆的踪影。

在建设网点少的同时，目前已存在的社区图书服务内部仍然存在着许多问题，大多内部空间会忽略儿童服务空间的建设；使用频率也随着时间的增加而减少；内部运行与发展受到限制等多种问题。

在天津市发放了 200 份调查问卷，据用户访谈与发布问卷结果显示，其中有 64% 的人群每天会空出半小时或者更长的时间进行阅读，且主要为儿童进行阅读，家长阅读时间较短。读书环境以家中为主，书籍来源主要是购买、图书借阅与电子书籍。而读过的书籍主要选择在家中闲置，也会有些年纪较小儿童家长会选择交换与赠予、二手售卖。对于公共场所的阅读有81%的人群会选择，但也有部分群体感觉到距离远、图书老旧、环境乱等一些原因不愿进入。

本次设计实践的地址选在天津市河西区，以曲江公园附近为例，公园周围均为老旧小区，附近儿童因其社区老旧没有儿童娱乐设施选择在周末或下学途中进入曲江公园进行娱乐。道路的狭窄及不安全性导致无法将儿童的公共服务置于小区外部道路旁。通过对空闲区域的筛查、社区间距离及附近儿童会选择去曲江公园娱乐等多种因素，最终选择该社区。小区内部多数街道及其他空闲场地被汽车或其他杂物所占用，作为社区老年健身场地，场地内部健身器材稀少，老人闲聊、下棋的娱乐环境靠近小区门口由居民自行搭建，由于规划的不合理，场地浪费现象严重，针对场地尺寸进行了详细的测量（见图5-23、图5-24）。

整体内部在普通阅读方式中融入儿童玩耍区域。一层属于儿童区域，依据年龄为主要参考因素进行区分，融入2~4岁低龄幼儿，可以进行玩耍进入图书馆，激发幼儿兴趣；4~6岁处于中间段年龄段儿童相较于低幼儿时期开始了社交启蒙，会关注身边环境，对阅读环境有较低的要求。空间划分上有为低龄幼儿与高龄幼儿衔接区域，旨在玩中学习更高阶一点的兴趣培养与习惯，例如下棋，绘画等（见图5-25）。

整体采用半开放空间，将阅读空间与儿童滑梯元素融合，外观颜色依据使用途径的不同而进行区分来激发儿童兴趣。儿童可以通过滑梯直接进入，或者在玩耍结束后进入读书；内部主要参考儿童的声音需求与干扰因素进行改动，将中龄（4~6岁）与大龄（6~12岁）儿童进行合并，将玩耍与阅读区分两个空间以此进一步确保阅读区域的安静（见图5-26）。

本次设计实践用的是集装箱式的模块化方式，方便后期的运输和安装，同时也有利于进行全国推广。设计在色彩上运用了比较明亮的颜色，同时在空间设计上进行了低龄幼儿、青少年、成人不同区域的

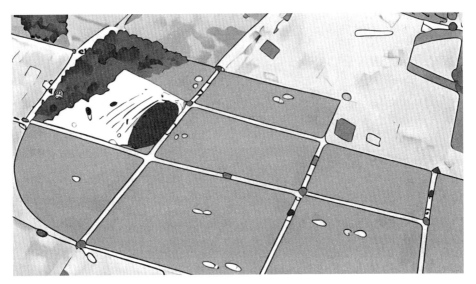

图 5-23　社区分布地图

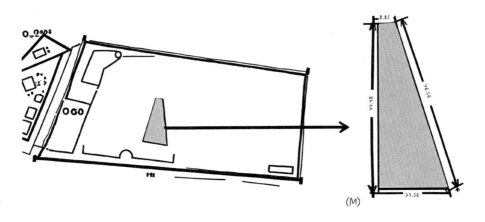

图 5-24　区域尺寸图

图 5-25 设施外部效果图

划分，方便大家在该设施中快速找到自己的需求。形状设计上将曲线的滑梯和方正的集装箱做了一个融合，增加其娱乐性。

公共服务设计是设计界关注的一个新领域，良好的公共服务设计能够有效帮助公共服务提高服务效率从而节约成本。将"以人为本"的理念贯穿在整个过程中，主要从用户及供应者两个角度来看。即用户角度的所享用服务的可用、有用与好用；服务提供者角度享受的服务有效、高效。一个好的增值服务的微更新，可以提高用户吸引力。目前，我国小型图书服务模式多数是在公共图书馆通过开小型分馆、投放智能图书柜与私营书店营销两种主要的形式组成。书籍的供应多为单向投放模式，供给单位均为独立个体，书籍资源的不整合。相比于我国这种资源的分散，英国社区图书馆实行中心馆制，由中心馆负责购书和编目，流动图书车配送、转送，实行网络化办公，实现了通借通还的模式。为了持久地提高儿童使用的积极性，参考了英国

图 5-26　社区公共文化设施设计效果图

社区图书构建图书系统，图书的微更新可以采用多渠道图书来源（见图 5-27），将图书资源整合，并搭建图书反馈更加精准定位用户需求，以此保障持续的图书供给及对儿童的吸引。

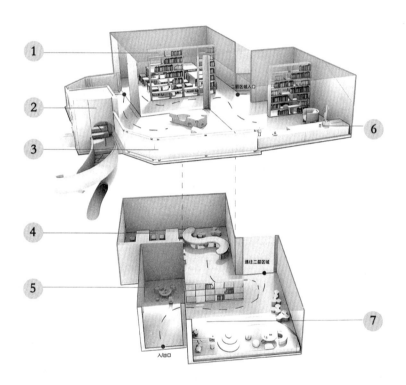

① 成人阅读/学习/办公区域（无声区域）
② 儿童戏耍区域
③ 室外休闲区域 阅读/看管小孩/闲谈（有声区域）
④ 4-12岁儿童学习区域 学习/阅读（无声区域）
⑤ 2-4岁低龄儿童区域 游戏/儿童启蒙/绘本阅读（有声区域）
⑥ 成人休闲阅读区域 阅读/放松（有声区域）
⑦ 4-12岁儿童休闲区域 玩耍（有声区域）

图 5-27 设施区域分布示意图

第六章

结　论

本研究以儿童认知心理学为理论基础，对儿童友好型公共设施的设计、实施和评价方法进行了深入研究。在城市化进程不断加快的背景下，儿童作为城市社区内的脆弱群体，其生存环境对认知发展和心理健康具有重要影响。

本研究首先综述了儿童认知心理学的核心原理，包括感知、认知发展、情感和社会互动等理论框架。这些理论框架有助于了解不同年龄段儿童的认知需求，为设计公共设施以满足这些要求提供了理论支持。在此基础上，分析了国际范围内各种儿童友好型公共设施案例。通过深入调查这些案例，发现了成功的设计元素和最佳实践案例，为我国儿童友好型公共设施设计提供了有益的借鉴。

本研究提出了一套基于儿童认知心理学的设计指南，旨在帮助设计师满足多种儿童需求。该指南强调提供安全感、促进探索和学习、诱导社会相互作用、刺激想象力和创造力等儿童亲和空间的要求。最后，建立了一套评估儿童友好型公共设施有效性和影响的框架，综合考虑了儿童的主观经验、行为表现和认知发展指标，以确保公共设施的设计能够促进儿童的整体成长和幸福。

儿童认知心理学为儿童友好型公共设施设计提供了重要的理论基础。通过了解不同年龄段儿童的认知和鉴定要求，设计师能够更好地满足儿童的需求，创造出更具吸引力和有益的公共设施。

国际范围内的儿童友好型公共设施案例为我们提供了有益的借鉴。分析这些案例，可以发现成功的设计元素和最佳实践，有助于我国儿童友好型公共设施设计水平的提升。

基于儿童认知心理学的设计指南为设计师提供了实用的指导。通过关注安全感、探索和学习、社会互动、想象力和创造力等方面，设计师能够更好地满足儿童的多元化需求。

评估框架的建立为儿童友好型公共设施的有效性和影响提供了评价标准。综合考虑儿童的主观经验、行为表现和认知发展指标，有助于确保公共设施的设计能够促进儿童的整体成长和幸福。

一、本研究的局限性

本研究主要针对某一地区或城市进行，未能全面考虑到不同地区、不同文化背景下儿童友好型公共设施的差异和特殊需求。研究的数据和样本主要来自特定时间、特定地点的事例，可能无法充分代表其他时间和地点的情况，因此研究结果的普适性和可靠性受到一定影响。本研究主要采用某种特定的研究方法或角度，例如定量研究、定性研究、案例研究等，可能无法全面涵盖儿童友好型公共设施的多方面问题和复杂性。儿童友好型公共设施的建设和改造需要协调多方资源和利益，可能面临较大的实施难度和挑战，例如资金投入、政策支持、技术难题等。儿童友好型公共设施的需求和标准会随着社会发展和儿童成长需求的变化而变化，本研究可能未能充分考虑到这一点，导致研究结果在一定程度上缺乏持续性和更新性。研究过程中可能存在主观性和偏见，例如研究者的观念、价值观、经验等因素可能影响研究结果的客观性和准确性。

二、发展前景

在未来的研究中，可以考虑扩大研究范围，覆盖更多地区和城市，以充分考虑不同地区、不同文化背景下儿童友好型公共设施的差异和特殊需求。通过收集更多数据和样本，提高研究的可靠性和普适性，以便为更广泛的地区提供参考和借鉴。尝试采用多种研究方法和角度，以全面涵盖儿童友好型公共设施的多方面问题和复杂性。在研究过程中，提高儿童的参与度，充分考虑儿童的实际需求和期望，以使研究结果更加贴近儿童的真实需求。在后续研究中，关注儿童友好型公共设施的实施情况和效果评估，以期为政策制定者和实施者提供有益的参考和建议。随着社会发展和儿童成长需求的变化，持续关注并更新儿童友好型公共设施的需求和标准，以保持研究的时效性和实用性。尝试将不同学科的理论和方法应用于儿童友好型公共设施的研究，以提高研究的深度和广度。

　　未来研究需要进一步拓展研究范围、丰富数据和样本、采用多样研究方法和角度、加强儿童参与、关注实施和效果评估、保持持续性和更新性以及开展跨学科研究等方面的工作。这将有助于更好地推动儿童友好型公共设施的发展和完善。

参考文献

[1] 儿童友好城市官方网站：http：//childfriendlycities.org/

[2] 关于推进儿童友好城市建设的指导意见，中华人民共和国发展与改革委员会，2021，https://www.ndrc.gov.cn/xxgk/zcfb/tz/202110/t20211015_1299751.html。

[3] 联合国儿童基金会. 儿童友好型城市规划手册 [EB/OL].（2019-07-01）[2021-10-20]

[4] 新华视点 | 儿童友好城市："1 米高度"如何更好看世界？- 新华网

[5] 杭州首个儿童友好街区的完整叙事 / 安道设计 - mooool 木藕设计网

[6] Xing，Ji.，Yalin，Yang.（2023）. The Study of Sustainable Design for Child-Friendly Urban Public Spaces. Lecture Notes in Computer Science，doi：10.1007/978-3-031-35936-1_27

[7] 曾鹏，蔡良娃. 儿童友好城市理念下安全街区与出行路径研究——以荷兰为例 [J]. 城市规划，2018，42（11）：103-110.

[8] 孟雪，李玲玲，付本臣. 国外儿童友好城市规划实践经验及启示 [J]. 城市问题，2020，296（3）：95-103.

[9] 林瑛，周栋. 儿童友好型城市开放空间规划与设计——国外儿童友好型城市开放空间的启示 [J]. 现代城市研究，2014，29（11）：36-41.

[10] 张谊. 国外城市儿童户外公共活动空间需求研究述评 [J]. 国际城市规划，2011，26（4）：47-55.

[11] S. Krishnamurthy."Reclaiming spaces：child inclusive urban design." Cities & Health（2019），86-98.

[12] Alessio，Russo.，Maria，Beatrice，Andreucci.（2023）. Raising Healthy Children：Promoting the Multiple Benefits of Green Open Spaces through Biophilic Design. Sustainability，doi：10.3390/su15031982

[13] 张宏伟.定性研究的基本属性和常用研究方法 [J].中国中西医结合杂志，2008（2）：167-169.

[14] 风笑天.定性研究：本质特征与方法论意义 [J].东南学术，2017，259（3）：56-61.

[15] H. Minhat. "AN OVERVIEW ON THE METHODS OF INTERVIEWS IN QUALITATIVERESEARCH."（2015），210-214.

[16] 王梦洺，方卫华.案例研究方法及其在管理学领域的应用 [J].科技进步与对策，2019，36（5）：33-39.

[17] 唐啸.参与式设计视角下的社会创新研究 [D].湖南大学，2017.

[18] 王薇，嵇红亮.定性研究和定量研究的比较 [J].才智，2018（10）：144.

[19] 黎菲.浅析童年期儿童的认知发展与教育 [J].才智，2020（4）：148.

[20] O. Saracho. "Theory of mind：understanding young children's pretence and mental states."（2014），1281-1294.

[21] 李维东.皮亚杰的建构主义认知理论 [J].中国教育技术装备，2009，159（6）：18-20.

[22] Faye, Stanley. 1 Vygotsky-From public to private：learning from personal speech（2011）.

[23] 王艳艳.基于儿童友好型城市的公共设施创新服务系统设计研究 [J].工业设计，2018（3）：71-72.

[24] M. Jansson, Emma Herbert et al. "Child-Friendly Environments-What, How and by Whom?." Sustainability（2022）.

[25] 黄薇，吴剑锋.发展多元智能的儿童户外娱乐设施创新设计探究 [J].装饰，2012，235（11）：116-117.

[26] 胡蓉.提升户外儿童娱乐设施游戏价值的设计研究 [J].包装工程，2015，36（16）：95-98.

[27] 张青.儿童娱乐设施的无形化设计 [D].东华大学，2010.

[28] 戴爱兰.创设一个儿童化、教育化的环境 [J].幼儿教育，1989（7）：38.

[29] 张俊杰.少儿图书馆在我国儿童教育领域中的地位与作用 [J].科技信息，2010，321（1）：1060-1061.

[30] "Education Facilities for Young Children." PEB Exchange，Programme on Educational Building（2006）.

[31] 张君孝，张灵燕，魏曙光，等 . 儿童体育运动器材设计的分类及策略研究 [J]. 湖北体育科技，2018，37（5）：391-394+414.

[32] 金卓 . 体育器械在幼儿园教育活动中发挥的教育价值 [J]. 读与写（教育教学刊），2014，11（4）：243.

[33] "Sports equipment promotes activity in schoolchildren." Nursing Standard（2006）.

[34] W. Schubert, M. D. Tyne et al. "Planning and design of children's health care facilities." The journal of ambulatory care management（1993），71–83.

[35] 赵丁丁 . 不容忽视的儿童健康——浅谈儿童房的环境设计 [J]. 美术教育研究，2012，35（16）：76.

[36] 温玉婷 . 论幼儿园健康环境的创设 [J]. 读与写（教育教学刊），2017，14（7）：241.

[37] 杨少波 . 儿童使用公共厕所便利性角度的设计思考 [J]. 城市建筑，2022，19（6）：110-113.

[38] 崔丽，崔娟 . 0~3 岁婴幼儿公共游戏场所中的安全问题及防范措施 [J]. 教育观察，2019，8（9）：125-126.

[39] 胡仲月 . 基于儿童身心健康需求的儿童公园设计方法初探 [D]. 四川农业大学，2014.

[40] 周路路，周蜀秦 . "自由是如何消失的"：城市儿童公共游戏空间的审视与探讨 [J]. 南京社会科学，2018，371（9）：92-97.

[41] 吴晓莉，郭磊贤，郝雅坦 . 公共空间如何更好地为儿童服务 [J]. 北京规划建设，2020，192（3）：13-17.

[42] "Education Facilities for Young Children." PEB Exchange，Programme on Educational Building（2006）.

[43] 张婷婧 . 公共空间共享型儿童娱乐设施设计研究 [D]. 湖北工业大学，2020.

[44] 贺永琴.社会文化对幼儿教育政策和实践的影响[J].教育理论与实践，2013，33（33）：48-49.

[45] 何茜茜，崔丽莹，王雪等.社会价值取向对初中生在公共物品困境下合作行为的影响[J].教育生物学杂志，2017，5（3）：136-142.

[46] R. Suminski, Terry Presley et al. "Playground Safety is Associated With Playground, Park, and Neighborhood Characteristics." Journal of Physical Activity and Health（2015），402-8.

[47] Duo-Duo Zhao and K. Hong. "A Case Study on Child-Friendly Public Design in The Surrounding Areas of Shenzhen Elementary Schools in China."（2020），354-366.

[48] 高路，刘文洁.儿童娱乐设施创意设计应用研究[J].家具与室内装饰，2016，208（6）：62-63.

[49] 辜萌晨，沈中伟，代艳萍.学校区域儿童过街交通安全措施设计[J].电子测试，2019，421（16）：114-116.

[50] Y. Amiour, E. Waygood et al. "Objective and Perceived Traffic Safety for Children: A Systematic Literature Review of Traffic and Built Environment Characteristics Related to Safe Travel." International Journal of Environmental Research and Public Health（2022）.

[51] 韩宇航，郭智.儿童医疗空间的人性化设计探索[J].中国医院建筑与装备，2020，21（4）：56-57.

[52] 儿童医院门诊部医疗环境"人性化"设计方法研究——以山西省儿童医院、省妇幼保健院（漪汾院）建设项目为例[2010-05-01].

[53] 张碚贝，黄静.基于儿童心理学的幼儿园建筑色彩设计研究[J].四川建筑，2009，29（6）：54-55.

[54] Aisyah, Aisyah. "Permainan Warna Berpengaruh Terhadap Kreativitas Anak Usia Dini." Jurnal Obsesi Jurnal Pendidikan Anak Usia Dini 1.2（2017）：118

[55] 何建闽，樊汝来，孙古.幼儿园户外活动场地、地面材料的现状、问题与建议[J].教育与装备研究，2016，32（11）：17-22.

[56]] D. Kowaltowski，Francisco Borges Filho et al. "Teaching Children About Aspects of Comfort in the Built Environment."（2004），19－31.

[57] 孟瑞芳. 城市公共设施的生态化设计研究 [J]. 包装工程，2023（14）：429－431+460.

[58]] http：//www.archcollege.com/archcollege/2021/02/48917.html

后记

随着本书的付梓，我深感欣慰与感慨。这不仅是一部关于儿童友好型公共设施设计研究的学术著作，更是承载着我对儿童友好型城市建设的深刻思考与探索。

本书的研究起源于对天津市儿童友好型城市建设中的公共服务设施设计的关注。在天津市哲学社会科学规划研究项目《天津儿童友好型城市建设中的公共服务设施设计研究》（项目编号：TJSR21-010）的资助下，有幸与众多学者、设计师、儿童发展专家以及城市规划师共同合作，深入探讨了如何为儿童打造一个更加安全、便捷、有趣且富有教育意义的城市生活环境。

在项目研究的过程中，深感责任重大。儿童作为城市的未来，他们的需求与权益应当得到充分的关注与保障。然而，在现实的城市建设中，儿童的声音往往被忽视，他们的需求也常常被边缘化。因此，希望通过本项目的研究，能够为天津市乃至全国的儿童友好型城市建设提供有益的参考与借鉴。

在本书的编写过程中，遇到了诸多挑战。如何平衡理论与实践的关系，如何确保研究的深度与广度，如何让设计原则与方法具有可操作性与可推广性，都是需要不断思考与解决的问题。

当然，本书的研究只是儿童友好型城市建设中的冰山一角。要想真正实现儿童友好型城市的目标，还需要政府、社会、企业以及每一个市民的共同努力与持续投入。因此，希望本书能够成为推动儿童友好型城市建设进程中的一块小小基石，激发更多人对这一领域的关注与参与。

　　展望未来，将继续关注儿童友好型城市建设的相关议题，不断探索与实践更加符合儿童身心发展的公共设施设计原则与方法。相信只要我们心怀对儿童的爱与责任，就一定能够为他们创造一个更加美好、更加友好的生活环境。让我们携手努力，为孩子们打造一个充满爱与关怀的儿童友好型城市！

作者

2024 年 8 月